Statistischer Unsinn

 **Andreas Quatember** ist außerordentlicher Professor an der Abteilung für Datengewinnung und Datenqualität des Instituts für Angewandte Statistik (IFAS) der Johannes Kepler Universität Linz (Österreich). Er lehrt Statistik, ist Autor der Bücher *Statistik ohne Angst vor Formeln* und *Datenqualität in Stichprobenerhebungen* und betreibt die Website „Unsinn in den Medien".

Andreas Quatember

Statistischer Unsinn

Wenn Medien an der Prozenthürde scheitern

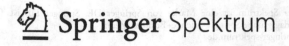

Andreas Quatember
Institut für Angewandte Statistik
Johannes Kepler Universität Linz
Linz
Österreich

ISBN 978-3-662-45334-6   ISBN 978-3-662-45335-3 (eBook)
DOI 10.1007/978-3-662-45335-3

Der Verlag, die Autoren und die Herausgeber gehen davon aus, dass die Angaben und Informationen in diesem Werk zum Zeitpunkt der Veröffentlichung vollständig und korrekt sind. Weder der Verlag noch die Autoren oder die Herausgeber übernehmen, ausdrücklich oder implizit, Gewähr für den Inhalt des Werkes, etwaige Fehler oder Äußerungen.

Die Deutsche Nationalbibliothek verzeichnet diese Publikation in der Deutschen Nationalbibliografie; detaillierte bibliografische Daten sind im Internet über http://dnb.d-nb.de abrufbar.

Planung und Lektorat: Frank Wigger, Sabine Bartels
Redaktion: Regine Zimmerschied
Einbandabbildung: deblik, Berlin

Gedruckt auf säurefreiem und chlorfrei gebleichtem Papier

Springer Spektrum ist eine Marke von Springer DE. Springer DE ist Teil der Fachverlagsgruppe Springer Science+Business Media
www.springer-spektrum.de

Vorwort

Als Leser einer beliebigen Tages- oder Wochenzeitung werden Sie heute feststellen, dass in vielen Artikeln – bei aller Unterschiedlichkeit der Themen aus Wirtschaft, Politik oder auch Sport – objektiv nachvollziehbare Statistiken verwendet werden, um die jeweilige Argumentation zu untermauern. Ein Schaubild zur Aktienkursentwicklung des letzten halben Jahres unterstützt gemeinsam mit Unternehmensdaten die Kaufempfehlung eines Experten für die Aktie des Unternehmens. Die Analyse verschiedener Meinungsforschungsergebnisse belegt den möglichen Einzug einer neuen Partei in das demnächst neu zu wählende Parlament. Und im Sportteil veranschaulicht eine Zeitreihe der Weltranglistenplatzierungen zum jeweiligen Jahresende die sportliche Entwicklung eines Tennisspielers über die Zeit.

Darüber hinaus ist Statistik aber auch aus unserem Alltag schlicht und einfach nicht mehr wegzudenken. Wir alle bedienen uns ihrer Tag für Tag! Menschen strömen in Supermärkte, wenn ein Prospekt eine 25 %-Aktion auf das gesamte Bier-, Kaffee- oder Biowarensortiment angekündigt hat. Die Kunden müssen Statistik anwenden, wenn sie die Preise verschiedener italienischer Wurstwaren, die in Größen zu 80, 100 und 140 g abgepackt sind, zueinander in

Beziehung setzen wollen. Ernährungsbewusste Käufer von Müslipackungen stehen vor der gar nicht so leichten Aufgabe, die auf den Packungen verschiedener Produzenten für unterschiedliche Portionsgrößen (30, 40 oder 50 g) angegebenen Zuckermengen miteinander vergleichen zu müssen.

Kunden von Versandhandelsunternehmen wie Amazon betrachten die statistischen Auswertungen von Kundendaten in der Rubrik „Welche anderen Artikel kaufen Kunden, nachdem sie diesen Artikel angesehen haben?". Bei Fußballübertragungen versuchen Statistiken etwa zur Ballbesitzverteilung der beiden Mannschaften, zu den gespielten Pässen und zum Anteil der gewonnenen Zweikämpfe der einzelnen Spieler, den Spielverlauf für die Zuseher objektiv nachzuzeichnen.

Ob man es also will oder nicht: Statistiken sind ein bedeutender Bestandteil unserer Informationsgesellschaft. Und dennoch ist festzustellen, dass das Image des Faches ein denkbar schlechtes ist. Der „Volksmund" behauptet hartnäckig, dass sich mit Statistik alles beweisen lässt, man keiner Statistik vertrauen sollte, die man nicht selbst gefälscht hat, oder dass die Statistik die höchste Steigerungsform der Lüge ist. Diese unreflektierte Geringschätzung gegenüber dem Fach ist auch in den Basislehrveranstaltungen aus Statistik an Hochschulen als schwer zu überwindende Hürde spürbar.

Die beschriebene Diskrepanz zwischen offenkundiger Bedeutung und schlechtem Ruf des Faches Statistik basiert möglicherweise auf dem fundamentalen Irrtum, die Qualität der statistischen Methoden selbst mit der Qualität der *Anwendung* dieser Methoden zu verwechseln (vgl. Quatember 2005, S. 7 ff.). Denn die Methoden sind im besten naturwissenschaftlichen Sinne beweisbar. Das heißt, dass sie funktionieren, wenn die für ihre korrekte Anwendung notwendigen Voraussetzungen im Hinblick auf die Datenqualität eingehalten werden. Sie liefern richtige Ergebnisse, wenn die Anwender und Anwenderinnen richtig rechnen. Und auf die daraus gezogenen Schlussfolgerungen ist Verlass, wenn die verwendeten Methoden diese tatsächlich zulassen. Dies alles fordert nichts weniger als mündige Anwender, die sich mit den Verfahren auseinandersetzen und sich nicht alleine dadurch qualifiziert fühlen, Statistiken zu produzieren und ihre Ergebnisse zu interpretieren, weil sie wissen, welche Tasten ihres Computers zu drücken sind, um damit ein Säulendiagramm zu erzeugen.

In diesem Buch werden Fehler, die bei der Vermittlung statistischer Daten in verschiedensten Bereichen gemacht werden, bewusst unterhaltsam kommentiert. Es darf und soll Spaß machen, dieses Buch zu lesen. Dabei stehen aber stets die Fehler im Mittelpunkt der Auseinandersetzung, nie deren Urheber. Denn wir machen natürlich alle Fehler. Auch Wissenschaftler wie ich sind geradezu tagtäglich damit konfrontiert. Und damit meine ich gar nicht jene Fehler, die die Studierenden machen. Nein! Die Wissenschaftler selbst entwickeln in ihrem Forschungsgebiet Ideen, prüfen diese, wenden sie an, korrigieren und veröffentlichen sie oder verwerfen sie. Darüber hinaus ist jeder Mensch in seiner Entwicklung, seiner Ausbildung, seinem Beruf – kurz: in seinem ganzen Leben – mit seiner Unzulänglichkeit konfrontiert. Und jemand, der über die eigenen Fehler lachen kann, ist in der Selbstreflexion seines bewussten Menschseins einen entscheidenden Schritt weiter. Eben in diesem Bewusstsein bin ich der Meinung, dass man sich nicht nur über seine eigenen Fehler, sondern auch über Fehler anderer lustig machen darf. Hier soll niemand an den Pranger gestellt werden. Vielmehr versteht sich dieses Buch als Einladung zur offenen Diskussion zwischen den Verantwortlichen und ihrem aufmerksamen, interessierten Publikum.

Auf die möglicherweise ernsten Auswirkungen solchen statistischen Unsinns weist Kapitel 1 („Es ist nicht alles Gold, was glänzt") hin. Die darauf folgenden Kapitel sind grob nach verschiedenen statistischen Themen gegliedert, wobei sich diese durchaus überlappen können. So kommen z. B. Fehler bei der Interpretation von Mittelwerten sowohl in Kapitel 4 als auch in Kapitel 5 unter.

Dabei steht in den angeführten Beispielen gar nicht immer fest, wer den Fehler zu verantworten hat. Waren es schon die Durchführenden der statistischen Erhebung, die ihre Ergebnisse nicht angemessen vermittelt oder falsch eingeschätzt haben, deren Auftraggeber, die sie falsch interpretiert haben, oder wurden die Resultate erst in den Zeitungen, Zeitschriften, TV-Sendungen und so weiter unkorrekt beschrieben? Kapitel 2 („101 % zufriedene Kunden") soll jedenfalls einen Eindruck davon liefern, was selbst bei einfachen Prozentrechnungen alles falsch laufen kann und wie leicht sich dies vermeiden ließe. In Kapitel 3 („Ein Bild sagt mehr als tausend Worte") werden falsche grafische Darstellungen thematisiert. Dabei geht es auch um die nicht immer leicht zu beantwortende Frage, ob die Betrachter der Grafiken von deren Erzeugern unbewusst wegen mangelnder oder bewusst gerade wegen vorhandener Sachkenntnis getäuscht werden. Im Zentrum von Kapitel 4 („Unvergleichliche Mittelwerte") stehen geradezu absurde

Vergleiche von Mittelwerten in tatsächlich nicht vergleichbaren Populationen. Kapitel 5 („Mit Statistik lässt sich alles beweisen") dokumentiert, dass sich in Wahrheit nur mit falsch erzeugten, falsch verwendeten und falsch interpretierten Statistiken alles beweisen lässt. Kapitel 6 („Die Repräsentativitätslüge") beschäftigt sich mit Stichprobenerhebungen, die im Hinblick auf die Rückschlüsse von der Stichprobe auf die eigentlich interessierende Gesamtheit offenkundig verzerrt sind, deren Ergebnisse es aber dennoch in Zeitungen und selbst in wissenschaftliche Journale schaffen. In Kapitel 7 („Der PISA-Wahnsinn") werden die statistischen Hintergründe der PISA-Studie betrachtet, und es wird dokumentiert, welchen unreflektierten Niederschlag die Ergebnisse der Studie selbst und von Sekundäranalysen der erhobenen Daten oftmals in den Medien finden. Kapitel 8 („Tatort Lotto") thematisiert unter anderem die laufende, durchaus emotional zu nennende Auseinandersetzung breiter Teile der Bevölkerung mit den Grundlagen der Wahrscheinlichkeitstheorie, wenn es darum geht, vom Hauptgewinn im Lotto und seinen (vermeintlich) glücklich machenden Folgen zu träumen. Kapitel 9 („Einen hab ich noch") unterstreicht abschließend an einem Beispiel eines Zeitungsartikels über das Ergebnis einer seriösen wissenschaftlichen Anwendung statistischer Methoden, wie falsche Interpretationen korrekter Wissenschaft dem Image des Faches Schaden zufügen können.

Staunen Sie also im Nachfolgenden über Statistiken, die (angeblich) belegen, dass Männer ihren Rasierern treuer sind als ihren Partnerinnen, ein Viertel aller Studierenden alkoholabhängig ist, höherer Schokoladekonsum mehr

Nobelpreisträger erzeugt – und erfahren Sie, warum das alles blanker Unsinn ist.

Eine besondere Inspiration für dieses Buch lieferte Walter Krämer (2011) bereits zu Beginn der 1990er-Jahre mit seinem Buch *So lügt man mit Statistik*. Nach dessen Lektüre begann ich, statistischen Unsinn zu sammeln, ihn später auf der Homepage des Instituts für Angewandte Statistik (IFAS) der Johannes Kepler Universität Linz (JKU) in Österreich, an dem ich beschäftigt bin, unter der Rubrik „Unsinn in den Medien" zu veröffentlichen und in meine Lehrveranstaltungen einzubauen. Das daraus entstandene vorliegende Buch darf Sie, werte Leserin und werter Leser, unterhalten und soll Sie zugleich zu einem kritischeren Zeitungsleser und TV-Konsumenten machen. Jedenfalls berichten Studierende meiner Lehrveranstaltungen, dass sie Zeitungen nach solchen Beispielen „mit anderen Augen" gelesen hätten.

Die Quellenangaben zu den einzelnen Beispielen aus unterschiedlichen Medien finden Sie jeweils am Ende des Kapitels. Da ich die dabei verwendeten Zeitungsartikel ursprünglich nicht mit dem Ziel gesammelt habe, diese später in einem Buch zu zitieren, fehlt bei manchen von ihnen die Seitenangabe der jeweiligen Ausgabe. In solchen Fällen wird auf die Internetadresse verwiesen, unter welcher der eingescannte Originalartikel zu finden ist. Bei diesen Artikeln handelt es sich wegen meiner Herkunft natürlich zu einem hohen Anteil um solche aus österreichischen Zeitungen. Außerdem besteht die Auswahl dieser Zeitungen im Wesentlichen aus jenen, die ich selbst lese. Es ist also nicht im Geringsten so, dass die damit dokumentierten Fehler ausschließlich oder hauptsächlich in den genannten Zeitungen auftreten würden. Die darin aufgezeigten statistischen Unzulänglichkeiten sind meines Erachtens keineswegs österreichspezifisch, wie etwa die Beispiele aus anderen Ländern dokumentieren. Ferner möchte ich unterstreichen, dass in der großen Mehrheit der Artikel all dieser Zeitungen Statistiken korrekt berechnet, wiedergegeben und interpretiert werden. Die vorliegende Auswahl ist deshalb natürlich kein – um einen statistischen Terminus zu verwenden – repräsentatives Bild der Qualität der „statistischen Berichterstattung", sondern beschränkt sich darauf, worum es in diesem Buch geht: auf deren Mängel.

Bedanken möchte ich mich bei all jenen, die mich als aufmerksame und im Bereich Statistik mündige Medienkonsumenten auf immer neuen statistischen Unsinn aufmerksam gemacht haben. Dank schulde ich ferner Clemens Heine und Frank Wigger von Springer Spektrum, ohne deren Initiative dieses Buchprojekt nicht zustande gekommen wäre, der engagierten Projektmanagerin Sabine Bartels und der kompetenten Copyeditorin Regine Zimmerschied. Ein großes Dankeschön geht auch an meine Kollegen vom IFAS der JKU, insbesondere an Werner Müller, Gabriele Mack-Niederleitner und Katharina Sallinger für ihre verschiedenartige Unterstützung.

Dieses Jahr war in beruflicher Hinsicht ein ganz besonderes für mich. Ich danke all jenen aus meinem Umfeld, die daran teilhatten. Besonders danke ich meiner Frau Konny: Ich hab' so ein Glück!

Eine kurzweilige und interessante Lektüre wünscht Ihnen

Andreas Quatember
Linz, 15. Dezember 2014

Literatur

Krämer W (2011) So lügt man mit Statistik, 4. Aufl. Piper, München

Quatember A (2005) Statistik ohne Angst vor Formeln, 1. Auflage. Pearson Studium, München

Inhalt

1

Es ist nicht alles Gold, was glänzt

Menschen machen Fehler, und auch Wissenschaftler wie der Autor dieses Buches sind sich dessen sehr bewusst. Wenn in Medien Unsinn im Umgang mit Statistiken verbreitet wird, kann das über ein kleines Ärgernis durchaus hinaus gehen. Denn egal, ob solche Fehler aus einfachem Unverständnis oder purer Schlamperei erwachsen – wenn sie in Zeitungen, Zeitschriften oder TV-Magazinen erscheinen, dann erreichen sie unter Umständen sehr viele, vielleicht Millionen von Menschen. Erkennen diese wiederum den Unsinn nicht, weil sie es selbst nicht besser wissen (können), werden sie durch das Medium „des-informiert" statt informiert. Das falsche „Wissen" bestimmt dann womöglich nicht nur Diskussionen in der Familie und am Stammtisch, sondern auch in den verschiedenen Ebenen der Politik. Dass es durchaus weitreichende Konsequenzen haben kann, wenn aufgrund falsch angewandter, falsch berechneter oder falsch interpretierter Statistiken Entscheidungen getroffen werden, möchte ich in diesem Kapitel an mehreren Beispielen verdeutlichen. Entsprechende Fehler können in verschiedenen Phasen des statistischen

Erhebungsprozesses (Box 1.1) – von der Datenerhebung bis zur letztendlichen Ergebnisvermittlung – geschehen.

1.1 Statistische Erhebungen

Statistische Erhebungen werden mit dem Zweck durchgeführt, von einer Grundgesamtheit (Population) an Erhebungseinheiten (z. B. der Grundgesamtheit der Wahlberechtigten) Informationen über interessierende Merkmale (z. B. das Wahlverhalten) zu erhalten. Ziel ist eine Bündelung von Informationen, die in den erhobenen Daten steckt. So wird erst durch die Auszählung der einzelnen abgegebenen Wahlzettel (Daten) und die Präsentation der Ergebnisse dieser Auszählung in Tabellenform und/oder als Säulen- oder Kreisdiagramm (Bündelung der Informationen) ein nachvollziehbares Wahlergebnis.

Unter dem Begriff „Statistik" werden alle Methoden der Datenanalyse und ihre Ergebnisse zusammengefasst. Die Statistik gliedert sich in drei große Bereiche. Der erste ist die sogenannte beschreibende Statistik. Diese wird betrieben, wenn die Daten von einer interessierenden Grundgesamtheit wie einer Bevölkerung vollständig vorliegen, die man dann z. B. durch einen Mittelwert beschreiben möchte. Der zweite Bereich ist die schließende Statistik. Diese hat die Aufgabe, auf Basis der Daten aus einem sorgfältig ausgewählten Teil einer Grundgesamtheit, der sogenannten Stichprobe, auf die interessierenden Kennzahlen der Grundgesamtheit rückzuschließen. Die Wahrscheinlichkeitsrechnung schließlich wird für diese Rückschlüsse von Stichproben auf Grundgesamtheiten benötigt, da sie klarerweise mit gewissen Unsicherheiten behaftet sind.

Im Herbst 2008 erschien auf der Onlineplattform einer großen oberösterreichischen Tageszeitung ein Artikel mit der Schlagzeile „Großraming und Wels sehen am wenigsten Sonne", in dem es heißt:

> *Wo Sonnenhungrige wie viele Sonnenstunden im Schnitt in der ansonsten so dunklen Jahreszeit bis zum März zu erwarten haben, hat der Wetterdienst meteomedia nun erhoben. […] Am wenigsten Sonne österreichweit darf man sich im oberösterreichischen Zentralraum erwarten. Mit nur 217 Sonnenscheinstunden in fünf Monaten bildet Großraming das absolute Schlusslicht, nur knapp hinter Wels mit 262 Stunden. […] Erhoben wurde die Sonnenscheindauer an den Klima-stationen, sie ist ein Schnitt aus Messungen der vergangenen 30 Jahre* [1].

Wie eine Gemeindebedienstete aus der an letzter Stelle dieses „Rankings" gelegenen kleinen oberösterreichischen Gemeinde berichtete, erkundigten sich nach Erscheinen dieses Artikels besorgte potenzielle Touristen, ob sie in diesem Teil der Region um den Nationalpark Kalkalpen überhaupt einen Wanderurlaub planen sollten. Schon mit ein bisschen Zahlengefühl hätten die Verantwortlichen vom genannten Wetterdienst bis zur Zeitungsredaktion und am Ende sogar die Leserinnen und Leser des Artikels selbst erkennen können, ja eigentlich: müssen, dass an diesen Daten etwas nicht stimmen kann. Denn der letzte Platz unterscheidet sich vom vorletzten in dieser „sonnigen Rangliste" gleich um 45 h und weist somit im Vergleich dazu in fünf Monaten durchschnittlich ganze $45{:}262 \cdot 100 = 17$ Prozent weniger Sonnenscheinstunden auf! Die Recherche des betroffenen Bürgermeisters brachte schließlich zutage, dass der Standort der Messstation bis zum Jahr 2000 ein Kraftwerk war, dem südseitig ein Berg vorsteht. Dieser warf in den Wintermonaten größtenteils tagsüber seinen Schatten auf die Messstation – mit den beschriebenen (in-)haltlosen Konsequenzen [2].

Bevor man gleich den Ruf einer ganzen Region als „wanderbares" touristisches Ziel aufs Spiel setzt, wäre eine Plausibilitätsprüfung der Statistiken angebracht gewesen. Zu diesem Zweck hätte man beispielsweise die Sonnenscheinstatistiken der einzelnen Gemeinden in eine Landkarte Österreichs übertragen können. Es wäre mithin sofort aufgefallen, dass beispielsweise im nur 9 km Luftlinie entfernten Weyer durchschnittlich 364 h Sonne gemessen wurden. Solche gewaltigen Klimaunterschiede auf engstem Raum existieren in Österreich einfach nicht.

Welche Auswirkungen die Verwendung falscher Statistiken hat, zeigt auch das folgende Beispiel, in dem es um ein bildungspolitisches Thema geht. Einem im Februar 2013 erschienen Bericht zu Folge hatte es in den Gymnasien des österreichischen Bundeslandes Kärnten im Vergleich zum Vorjahr eine ungewöhnliche Zunahme der Beurteilungen mit der schlechtesten Note „nicht genügend" gegeben [3]. Auch dieser Unsinn hätte den Verantwortlichen vor der Veröffentlichung auffallen müssen. So war die Anzahl jener Zeugnisnoten angeblich innerhalb eines Jahres von 3061 auf 4787 gestiegen, also um mehr als die Hälfte oder satte 56 Prozent. Doch statt angesichts dieser Daten zuallererst deren Korrektheit anzuzweifeln, (er-) fanden Schülervertreter, Eltern und politisch Verantwortliche des Landes sofort eine Menge inhaltlicher Begründungen für das vermeintliche Fiasko und forderten umgehende Konsequenzen für die beteiligte Lehrerschaft (anders lehren!), die Schüler (anders lernen!) und das ganze Schulsystem (alles anders!). Dummerweise (oder besser: glücklicherweise) musste man fünf Tage später eingestehen, dass man die Anzahl der „nicht genügend" der Gymnasialober- und -unterstufe des aktuellen Jahres mit der Anzahl dieser Beurteilungen nur an der Oberstufe im Jahr davor verglichen hatte. Damit hatte man nicht etwa „Äpfel mit Birnen verglichen", wie es in der Folge beschrieben wurde, sondern gewissermaßen die Äpfel des Vorjahres mit den Äpfeln *und* Birnen des aktuellen Jahres [4]. Letztendlich stellte sich heraus, dass es im Berichtsjahr tatsächlich insgesamt 101 *weniger* „nicht genügend" als im Jahr davor gegeben hatte. Vor diesem korrigierten Hintergrund erscheinen die vorgebrachten Forderungen nachträglich doch ziemlich überzogen. (Auch wenn es sich immer lohnt, über die Qualität des Schulsystems nachzudenken.)

Wenngleich man in diesem Fall „nur" auf die falschen Zahlen zugegriffen hat, ist dies dennoch ein Beispiel für die geringe Sorgfalt im Umgang mit Daten. Auch hier darf das fehlende Zahlengefühl der verschiedenen (hier: Schul-) Experten bemängelt werden, die offenbar solche erdrutschartigen Änderungen der Schülerbeurteilungen im Jahresabstand für naheliegender erachten als mangelnde Datenqualität.

Ein solcher Mangel an Datenqualität führte an anderer Stelle im Frühjahr des Jahres 2009 beinahe zu unabsehbaren Konsequenzen für die Republik Österreich. Verantwortlich für diesen folgenschweren statistischen Unsinn war niemand geringerer als der Internationale Währungsfond (IWF). Dieser hatte zum genannten Zeitpunkt in (wie sich später herausstellte: falschen) Berechnungen die Finanzkrise in Osteuropa stark übertrieben. So musste das

Verhältnis aus Auslandsverschuldung und Devisenreserven einiger osteuropäischer Staaten deutlich korrigiert werden. Dadurch sank diese Kennzahl beispielsweise für Tschechien von falschen 236 auf korrekte 89 Prozent. Die fehlerhaften Bewertungen aber hatten zu einer kurzfristigen Herabstufung der Kreditwürdigkeit des in Osteuropa stark engagierten österreichischen Staates geführt [5].

Wie diese Beispiele zeigen, können offenbar in jedem Stadium des statistischen Erhebungsprozesses von der Quelle der Datengewinnung bis zur Interpretation der Ergebnisse Fehler mit unvorhersehbaren Konsequenzen im Hinblick auf die korrekte Einschätzung der errechneten Statistiken geschehen. Deshalb gilt auch in diesem Bereich eine selbstverständliche Sorgfaltspflicht, die damit beginnen sollte, die Statistik nicht auf die leichte Schulter zu nehmen, nur weil man ihr vielleicht im privaten Leben wenig Gewicht beimisst.

Quellen (Zugriff: 31. Juli 2014)

1. http://www.nachrichten.at/oberoesterreich/Grossraming-und-Welssehen-zur-Winterzeitam-wenigsten-Sonne;art4,27944
2. http://www.jku.at/ifas/content/e101235/e101344/e107876/groraming.pdf
3. http://kaernten.orf.at/news/stories/2570462
4. http://kaernten.orf.at/news/stories/2571299
5. http://www.boerse-express.com/pages/774224

2

101 % zufriedene Kunden

Der in diesem Kapitel zusammengefasste Unsinn im Zusammenhang mit Prozentangaben lässt sich grob in vier Gruppen aufteilen: falsche Berechnungen bzw. Interpretationsfehler, unnötige Angaben von Prozentzahlen, die Prozent-Prozentpunkte-Problematik und sich auf falsche Grundgesamtheiten beziehende Statistiken. Lassen Sie uns zunächst einen Blick auf das Ergebnis einer von meinem Universitätsinstitut Mitte der 1990er-Jahre durchgeführten Befragung unter den Teilnehmerinnen und Teilnehmern der damals abgehaltenen Statistik-Basislehrveranstaltungen an der Sozial- und Wirtschaftswissenschaftlichen Fakultät werfen. Ganze 12 Prozent der 320 Befragten wussten laut deren ausgefüllten Fragebögen nicht, was 40 Prozent bedeutet (und hätten somit auch diesen Satz nicht verstanden)! Die am häufigsten angekreuzte falsche Antwort war, dass 40 Prozent so viel bedeute wie „jeder Vierte".

Solche Studierende könnten es auch in die Redaktionsstuben von Zeitungen oder in die Statistikabteilungen großer Internetauktionshäuser geschafft haben, wie der folgende Artikel aus einer österreichischen Tageszeitung mit der Schlagzeile „Geschenke werden immer häufiger weiterverkauft" und dem Untertitel „Jeder Vierte unzufrieden mit Weihnachtspräsenten" vermuten lässt:

Vier von zehn Beschenkten sind zumindest mit einem der dieses Jahr erhaltenen Weihnachtspräsenten unzufrieden. Jeder Sechste davon verkauft den ungeliebten Gegenstand in der Folge weiter: Das ergibt sich aus einer aktuellen Studie, die das Internetversandhaus Ebay präsentiert hat. [1]

Die „aktuelle Studie" zeigt, dass vier von zehn Beschenkten mit mindestens einem der erhaltenen Weihnachtsgeschenke unzufrieden waren. *Alle* Leserinnen und Leser sollten allerdings mehr als unzufrieden damit sein, dass die Zeitung daraus im Untertitel „jeder Vierte" macht. Denn vier von zehn sind eben 40 von 100 (genau das heißt wörtlich 40 „Prozent"), während jeder Vierte nur so viel wie 25 von 100 (also 25 Prozent) bedeutet (Box 2.1). Ein Riesenunterschied! Wären dann – weitergedacht – 50 Prozent (also fünf von zehn) jeder Fünfte, 80 Prozent (also acht von zehn) jeder Achte und 100 Prozent (also alle zehn von zehn) jeder Zehnte?

Angesichts dieser falschen Interpretation von „vier von zehn" stellt sich natürlich die Frage, ob mit dem im Text darauf folgenden Satz „Jeder Sechste davon verkauft den ungeliebten Gegenstand in der Folge weiter", was 16,7 Prozent der Unzufriedenen wären, nicht doch sechs von zehn, also 60 Prozent davon, gemeint waren.

2.1 Prozentangaben

Die Angabe von Prozentzahlen ist eigentlich eine Lüge. Denn das lateinische *pro centum* heißt so viel wie „von hundert". Nur selten sind es aber tatsächlich 100 Erhebungseinheiten, aus denen die beobachtete Grundgesamtheit besteht. Die Lüge rechtfertigt sich natürlich durch eine bessere Veranschaulichung der wahren Verhältnisse. Stellen Sie sich z. B. vor, dass 89 Kinobesucher einer Filmpremiere ihre Karten erst an der Abendkasse und nicht schon vorab im Internet gekauft haben. Der Angabe der reinen Häufigkeit von 89 Personen mit dieser Eigenschaft fehlt der Bezug zur Größe jener Grundgesamtheit, auf die sich diese Anzahl bezieht. Eine solche Relation wird erst durch die Angabe hergestellt, dass insgesamt 445 Personen die Premiere besuchten. Schon kann man sich ein Bild von den wahren Verhältnissen der Abendkasse- und Internetkartenkäufer machen.

Aber wie viele sind denn nun die 89 in Relation zu den insgesamt 445 Personen tatsächlich? Um es anschaulicher zu machen, bezieht man dieses Verhältnis 89:445, das man in der Statistik wegen ihrer Relation zur Größe der Grundgesamtheit als relative Häufigkeit (Anteil) bezeichnet, auf 100 Personen (= Prozent). Denn eine Gruppe von 100 Personen kann man sich immer gut vorstellen. Es gilt: $89{:}445 \cdot 100 = 20$. Demnach haben 20 Prozent der Kinobesucher ihre Tickets auf klassische Weise am Kartenschalter gekauft und die restlichen 80 Prozent im Internet. Das heißt, der Anteil der 89 an den insgesamt 445 Personen entspricht jenem von 20 bei insgesamt 100 Personen (Abb. 2.1; vgl. z. B. Quatember 2014, Abschn. 1.2.1).

Solche Prozentsätze werden häufig auch durch Angaben wie „jeder Zweite" oder „jeder Dritte" beschrieben. So lässt sich ein Prozentsatz von 20 Prozent noch zusätzlich dadurch beschreiben, indem man sich die 20 Personen gleichmäßig auf die Gesamtheit der 100 Personen aufgeteilt vorstellt (Abb. 2.2). Dann sitzen im vorgestellten Kinosaal immer vier

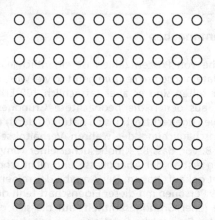

Abb. 2.1 89 von 445 Personen sind so viele wie 20 von 100
(= 20 Prozent)

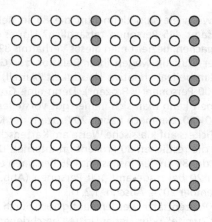

Abb. 2.2 20 Prozent oder „jeder Fünfte"

Personen, die die Karten im Internet erworben haben, und
auf dem fünften Stuhl eine, die sie direkt im Kino gekauft
hat. So wird aus 20 Prozent wegen 100:20 = 5 „jeder Fünfte".

Natürlich eignen sich nicht alle Prozentangaben auch für eine solche Darstellung. Ein Anteil von 50 Prozent der Kinobesucher ließe sich auch als „jeder Zweite" (oder ein Anteil von *annähernd* 50 Prozent als „ungefähr jeder Zweite"), ein solcher von 33,3 Prozent als „jeder Dritte" und ein Anteil von 25 Prozent als „jeder Vierte" beschreiben. Ob es für die Veranschaulichung Sinn macht, 16,7 Prozent als „jeder Sechste", 14,3 als „jeder Siebte", 12,5 Prozent als „jeder Achte" und 11,1 Prozent als „jeder Neunte" zu umschreiben, ist fraglich und bleibt den Anwendern überlassen. Aber dass 40 Prozent besser nicht durch „jeder 2,5te" (100:40 = 2,5) umschrieben werden sollte, steht außer Frage. Auch Prozentzahlen, die größer als 50 sind, eignen sich für diese Darstellungsform nicht. Unstrittig ist aber, dass 10 Prozent natürlich auch anschaulich mit „jeder Zehnte" und 5 Prozent mit „jeder Zwanzigste" beschrieben werden können.

Bei der Beschreibung von Entwicklungen über die Zeit z. B. sind Prozentzahlen im Hinblick auf die bessere Veranschaulichung der wahren Verhältnisse allerdings nicht immer geeignet. Wächst etwa der Umsatz eines Unternehmens von einem Jahr zum nächsten von 21,2 auf 23,1 Mio. €, dann kann das Ausmaß der Erhöhung auch dadurch beschrieben werden, dass der Umsatz um (23,1 − 21,2):21,2 · 100 = 9,0 Prozent gewachsen ist. Damit wäre gemeint, dass das Unternehmen für jeweils 100 €, die es vor einem Jahr umgesetzt hat, nunmehr 9 € mehr, also 109 €, umsetzt. Das macht den Zuwachs von 21,2 Mio. € auf 23,1 Mio. € durchaus anschaulicher! Hat sich der Umsatz allerdings verdoppelt, dann entspricht dies – wie sich leicht nachrechnen lässt – einer Steigerung um 100 Prozent, denn pro vorherigen 100 € setzt das Unternehmen dann 200 € um, also um 100 € mehr. Eine Verdreifachung des Umsatzes würde somit einer Erhöhung um 200 Prozent entsprechen. Die prozentuelle Angabe des Wachstums verliert hierbei zunehmend ihre Anschaulichkeit.

2.1 Rechen- und Interpretationsfehler

Prozentangaben dienen dem Zweck, die absoluten Zahlen, die oft unhandlich sind, besser zu veranschaulichen. Gelegentlich scheitert diese Aufgabe aber – wie schon gezeigt – an durchaus Grundlegendem. Unter der Schlagzeile „Experten: Schon jeder 2. Österreicher zu dick" berichtet eine österreichische Tageszeitung vor einigen Jahren in einem Artikel über alarmierende Ergebnisse einer Analyse des Körpergewichts der österreichischen Bevölkerung:

> *Fast schon jeder 2. Österreicher ist viel zu dick! Das ist die alarmierende Experten-Analyse zum ,rot-weiß-roten Bauchumfang'. Laut Studie sind nämlich bereits 40 Prozent der Landsleute übergewichtig. Dahinter verbirgt sich aber auch eine warnende Botschaft: ,Je höher der Körperumfang, desto früher stirbt man!'* [2]

Was stimmt denn nun? Ist jeder Zweite, fast schon jeder Zweite oder sind 40 Prozent der Österreicher dick? Und sind sie eigentlich dick, viel zu dick oder übergewichtig? Bei – nehmen wir einmal an – 8,4 Mio. Österreicherinnen und Österreichern bedeutet die Aussage „jeder Zweite", dass $0,5 \cdot 8,4 = 4,2$ Mio. übergewichtig sind. (Wenn sich die Behauptung nur auf die erwachsene Bevölkerung beziehen würde, müsste man das selbstverständlich angeben, und die absoluten Zahlen wären entsprechend geringer.) Die Aussage „fast schon jeder Zweite" bedeutet eine Häufigkeit von weniger als 4,2 Mio. Die Aussage „40 Prozent" aber (die „laut Studie" richtig zu sein scheint) würde bedeuten, dass es doch nur $0,4 \cdot 8,4 = 3,36$ Mio. sind. Der Unterschied

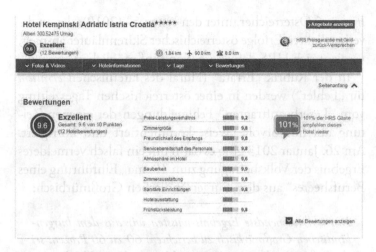

Abb. 2.3   101 % aller Gäste empfehlen dieses Hotel! [3]

zwischen der offenbar zur Verdeutlichung gewählten Angabe „jeder 2." und den tatsächlich vorliegenden „40 Prozent" macht also 840.000 Menschen aus.

Die Prozentzahlen verschiedener Antwortalternativen sollten sich natürlich (abgesehen von den unvermeidlichen Rundungsfehlern) auf 100 aufsummieren. Die in Abb. 2.3 angegebene Bewertung eines Fünfsternehotels in Kroatien fand sich auf dem Internethotelbuchungsportal HRS [3]. Sie spricht sehr für das Hotel, aber gegen die korrekte Programmierung der Berechnung des Prozentsatzes.

Das Hotel in Istrien muss schon ganz außergewöhnlich schön sein, wenn 101 Prozent der HRS Gäste dieses Hotel weiterempfehlen. Das sind dann also sagenhafte 101 von 100 gedachten Gästen. Informieren Sie sich selbst über den aktuellen Bewertungsstand [4]. Angelehnt an den Titel eines Buches des Kabarettisten und Radiomoderators Dirk Stermann „6 Österreicher unter den ersten 5" (2010), der an die verherrlichten Erfolge österreichischer Skirennläufer anspielt, verdient sich HRS dafür sechs von fünf möglichen Sternen!

In der Rubrik „Errata" (Plural des lateinischen *erratum* für „Fehler") werden in einer österreichischen Tageszeitung vom „Leserbeauftragten" Fehlmeldungen der eigenen Zeitung auf humorvolle Weise kommentiert und korrigiert. Am 26. Januar 2013 ging es darin um ein falsch vermeldetes Ergebnis der Volksbefragung zum Thema „Einführung eines Berufsheeres" aus dem burgenländischen Großmürbisch:

> *Das überraschendste Ergebnis wussten wir aus dem burgen-*
> *ländischen Großmürbisch zu berichten: 60 zu 60 Prozent sei*
> *die Befragung dort ausgegangen. Man denkt an 120 Prozent*
> *Wahlberechtigte oder ein Sondervotum für bewaffnete Zivil-*
> *diener – nach vollständiger Auszählung der Stimmen zeigt*
> *sich aber: Es ist dort 48,1 zu 59,9 Prozent für die Wehrpflicht*
> *ausgegangen.* [5]

Dass sich nach vollständiger Auszählung der Stimmen zeigt, dass diese Befragung in Großmürbisch 48,1 zu 59,9 Prozent für die Wehrpflicht ausgegangen ist, beruhigt den Leser nur bedingt. So darf der Zeitung eine neue Rubrik vorgeschlagen werden, in der von Zeit zu Zeit die Fehler in den Korrekturen kommentiert werden: „Errata in correc-tis". Selbst diejenigen, die Fehler anderer kommentieren, können irren! (Ja, ich weiß, was das bedeutet.)

Auch in Abb. 2.4 ergibt die Summe unterschiedlicher Gruppen einer Population immer mehr als 100 Prozent [6]. Die Grafik mit dem Titel „Immer mehr Ältere – immer weniger Jüngere" aus einer deutschen Tageszeitung weist

Immer mehr Ältere - immer weniger Jüngere

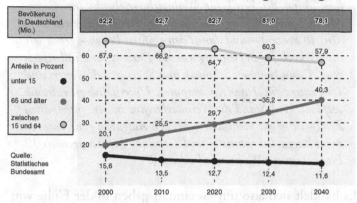

Abb. 2.4   Und alle zusammen ergeben … 109,8 Prozent! [6]

auf das Thema der sich ändernden Anteile bestimmter Altersgruppen in der Bevölkerung hin. Darin summieren sich über jedem Zeitpunkt die Anteile der Altersgruppen der Bevölkerung auf über 100 Prozent. So gibt es im Deutschland des Jahres 2000 in einer Bevölkerung von 82,2 Mio. Menschen offenbar 67,9 Prozent im Alter von 15 bis 64 Jahren, 20,1 Prozent in der Altersklasse „65 und älter" und 15,6 Prozent unter 15-Jährige. Das macht in Summe 103,6 Prozent! Diese Summe der Prozentzahlen wird dann ständig höher und erreicht im Jahr 2040 den grandiosen prognostizierten Wert von 109,8 Prozent. Und diesmal handelt es sich garantiert nicht um einen Rundungsfehler!

Im (Weihnachtskauf-) Rausch entstand offenbar die nachfolgende Auflistung von Prozentzahlen in einer österreichischen Tageszeitung aus dem Jahr 1998 zum Thema Weihnachtsgeschenke. Ein Linzer Meinungsforschungsinstitut fand demnach heraus, dass

> [...] *die Österreicher heuer mehr als 16,4 Milliarden [Schilling; Anm. des Verf.] für Weihnachtsgeschenke investieren. Macht 5300 Schilling pro Haushalt. Die so aufgeteilt werden: 48 Prozent – und damit den größten Posten – geben wir immer noch für Bekleidung aus. 41 Prozent für Kinderspielzeug. Dann kommen Schmuck und Sportartikel. Weiters sind 15 Prozent für Handy, Computer, Unterhaltungselektronik verplant. [...] Stand die Weihnachtsgans in der ‚guten, alten Zeit' – sie so gut nicht war – bei den Ausgaben ganz oben, so verschlingen Lebensmittel und Getränke heute nur noch 12 Prozent unseres Weihnachtsbudgets.* [7]

Es handelt sich also um Gesamtausgaben in der Höhe von umgerechnet etwa 1,2 Mrd. €. Dieses Weihnachtsbudget soll sich demnach so auf einzelne Warengruppen aufteilen, dass davon

- 48 Prozent für Bekleidung,
- 41 Prozent für Kinderspielzeug,
- zwischen 15 und 41 Prozent für Schmuck,
- zwischen 15 und 41 Prozent für Sportartikel,
- 15 für Elektronik und
- 12 Prozent für Lebensmittel und Getränke

ausgegeben werden. Macht in Summe deutlich mehr als 100 Prozent! Wie das? Wahrscheinlich wurde danach gefragt, wofür die Haushalte zu Weihnachten Geld ausgeben (Mehrfachnennungen möglich). Wie sich die Summe der Weihnachtsausgaben auf die einzelnen Bereiche aufteilt, das wurde offenbar vor dem „prozentuellen Weihnachtswunder" nie erhoben.

Auch beim Nahrungsmitteleinkauf sind durchaus Statis-
tikkenntnisse gefragt (und wie sich zeigen wird, leider auch
ein Taschenrechner). Auf verschiedenen Müslipackungen
finden Konsumenten beispielsweise Informationen der Art
wie in Abb. 2.5. Dabei wird neben der Kalorienmenge einer
Portion bestimmten Gewichts der jeweiligen Müslisorte
auch angegeben, wie viel Gramm Zucker, Fett, gesättigte
Fettsäuren und Salz in einer solchen Portion enthalten sind.
Dabei ist die Portionsgröße, auf die sich die Mengenangaben der verschiedenen Hersteller beziehen, wie zu sehen
ist, leider nicht einheitlich, sodass sich diese Angaben zum
Vergleich zwischen den verschiedenen Sorten nicht eignen.
Ein höherer Zuckerwert (in Gramm) beispielsweise muss
wegen der möglicherweise größeren Portionsmenge, auf die
sich diese Mengenangabe bezieht, nicht auch einem höheren Zucker*anteil* entsprechen.

Direkt unter diesen Mengenangaben sind jedoch auch
Prozentsätze angegeben. Diese würden einen portions-
größenunabhängigen Vergleich z. B. der Zuckermenge er-
möglichen, wenn sie die angegebenen Mengen auf die jeweilige Portionsgröße beziehen würden, wie es durch ihre
Platzierung direkt darunter zweifellos suggeriert wird. Dass
sich die Angaben in Gramm und Prozent auf völlig Unter-
schiedliches beziehen, ist nicht so naheliegend wie die Zahlen auf der Packung.

Die Prozentzahlen bedeuten aber beispielsweise eben
nicht, dass 8,6 g Zucker 10 Prozent des Gesamtgewichts
einer 30-g-Portion ausmachen (Abb. 2.5a). Denn tatsächlich entspricht diese Zuckermenge $8,6 : 30 \cdot 100 = 28,7$
Prozent pro Gramm der 30-g-Portion. Bei der Müslisorte
in Abb. 2.5b beträgt der Zuckeranteil $9,7 : 40 \cdot 100 = 24,3$

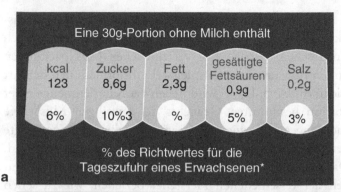

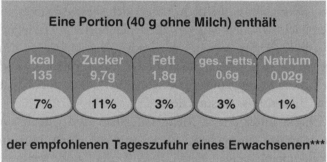

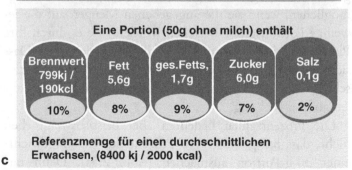

Abb. 2.5 Zuckeranteil in einer 30-g-Portion (**a**), in einer 40-g-Portion (**b**), und in einer 50-g-Portion (**c**)

Prozent pro Gramm der 40-g-Portion und bei der Sorte in Abb. 2.5c 6,0:50 · 100 = 12,0 Prozent pro Gramm der 50-g-Portion. Die jeweils angegebenen deutlich niedrigeren Werte von 10 Prozent, 11 Prozent und 7 Prozent sind vielmehr der Anteil der Zuckermenge einer Portion an dem Richtwert „für die Tageszufuhr eines Erwachsenen"! Eine Menge von 8,6 g Zucker in der 30-g-Gesamtportion entspricht auf ganze Prozent gerundet 10 Prozent der (von wem auch immer) empfohlenen ungefähren Tagesmenge von 90 g Zucker. Bei größeren Portionsdefinitionen (z. B. 40 g oder 50 g) wären bei gleichem Zuckeranteil von 28,7 Prozent in demselben Müsli diese Prozentzahlen entsprechend größer.

Sucht man also beispielsweise einfach ein Müsli mit geringem Zuckeranteil, dann sollte man einen Taschenrechner zum Einkaufen mitnehmen. In unserer Auswahl von drei Sorten wäre die Müslisorte in Abb. 2.5c mit einem Zuckeranteil von 12,0 Prozent des Gesamtgewichts mit Abstand die Sorte mit dem niedrigsten Zuckeranteil. Die beiden Sorten in Abb. 2.5a und 2.5b haben mehr als die doppelte Gewichtsmenge an Zucker pro Gramm Müsli.

Der Unterschied einer Verdoppelung und einer Vergrößerung um die Hälfte ist das eigentliche Thema in dem folgenden Zeitungsartikel mit der Schlagzeile „Zahl der Scheidungen in Europa verdoppelt":

Die Europäer sind ehemüde. Wie das Internationale Institut für Familienpolitik herausfand, hat sich die Zahl der Scheidungen in Europa von 1980 bis 2005 verdoppelt. Zugleich kam das Jawort während dieser Zeit nur noch jedem vierten Paar über die Lippen.

Besonders oft scheitern Ehen im Süden: In Portugal stieg die Zahl der Scheidungen in den vergangenen 25 Jahren um 89 Prozent, gefolgt von Italien mit 62 und Spanien mit 59 Prozent. Das Haltbarkeitsdatum einer spanischen Ehe liegt bei 13,8 Jahren, während es Paare aus Zypern im Schnitt bereits im verflixten siebenten Jahr vor den Scheidungsrichter zieht. [8]

Was war denn nun wirklich mit der Zahl an Scheidungen in Europa passiert? Jetzt mal ganz im Ernst: Wie kann sich die Anzahl der Scheidungen in ganz Europa verdoppelt haben, wenn sie sich nicht einmal in jenen drei Staaten (Portugal, Italien und Spanien), in denen Ehen laut Zeitungsartikel besonders oft scheitern, verdoppelt haben? Selbst dort haben sich die Zahlen „nur" um 89 Prozent, 62 Prozent und 59 Prozent erhöht. Auch dieses Wachstum ist ein hohes, aber glücklicherweise noch bei Weitem keine Verdoppelung (Steigerung um 100 Prozent). Könnte es sein, dass ein Gesamtwachstum um ca. 50 Prozent (z. B. von 600.000 auf 900.000 Scheidungen jährlich in ganz Europa) irrtümlich in den Redaktionsstuben zu einer Verdoppelung „hochgeschieden" wurde?

Ganz ähnlich wurde fälschlicherweise in einer anderen oberösterreichischen Zeitung einige Jahre vorher unter der Schlagzeile „Die EU wird immer älter" wie folgt argumentiert:

In einem Vierteljahrhundert werden 113,5 Millionen Menschen in der EU über 60 Jahre alt sein. Das sind doppelt soviel wie jetzt. In Österreich wird es dann sogar um 56,4 Prozent mehr über 60jährige geben, heißt es in einer Studie der EU-Kommission. Parallel dazu sinkt die Zahl der jungen Leute. Etwa ab 2005 soll es mehr Menschen über 60 geben als junge Leute unter 20 Jahren. Diese Entwicklung stellt die EU vor weitreichende soziale Probleme: Vor allem das staatliche Pensionssystem wird nicht mehr finanzierbar sein. [9]

Wenn es „in einem Vierteljahrhundert" doppelt so viele über 60-Jährige in der EU damaliger Zusammensetzung geben würde, dann würde es in Österreich nicht *sogar* um 56,4 Prozent mehr geben, sondern *nur* um 56,4 Prozent mehr. Denn eine Verdoppelung bedeutet (s. oben) eine Steigerung von gedachten 100 Personen auf 200, und das sind 100 Personen mehr als vorher – in Prozent ausgedrückt im Vergleich zu den ursprünglichen 100 Personen also eine Steigerung um satte 100 Prozent. Allerdings liegt der Verdacht nahe, dass auch hier aus einem Gesamt-EU-Wachstum dieser Altersklasse um geschätzte 50 Prozent nur „interpretativ" eine „Verdoppelung" gemacht wurde. Dann wiederum würde es in Österreich tatsächlich *sogar* um 56,4 Prozent mehr Angehörige dieser Altersklasse geben.

Mit der Interpretation eines in Prozent ausgedrückten Wachstums beschäftigte sich auch der Artikel zu Abb. 2.6 vom 11. April 2014 [10]. Die Überschrift „Hilfe, alles wird billiger!" und die darunter verfasste Fortsetzung „… warum eine günstige Preisentwicklung auch gefährlich sein kann" lässt eine unrealistische Vorstellung der Teuerung in Deutschland entstehen.

PREISAUFTRIEB SO SCHWACH WIE SEIT JAHREN NICHT

Hilfe, alles wird billiger!

BILD erklärt, warum eine günstige Preisentwicklung auch gefährlich sein kann

Der Anstieg der Verbraucherpreise ist auf dem niedrigsten Stand seit August 2010

Foto: AP

Abb. 2.6   Die Inflationsrate sinkt, und alles wird billiger? [10]

Im Text dazu heißt es:

Im März ist der Anstieg der Verbraucherpreise auf den tiefsten Stand seit August 2010 gesunken. Im Vergleich zum Vorjahresmonat betrug die Inflationsrate nur 1,0 Prozent. Vor allem sinkende Energiepreise halten den Inflationswert im Durchschnitt niedrig.

Das klingt wie eine gute Nachricht: Der Preisauftrieb schwächt sich ab, das stärkt die Kaufkraft der Verbraucher.

Doch die EZB [Europäische Zentralbank; Anm. des Verf.] ist besorgt: Bleibt die Inflation lange niedrig, steigt die Gefahr, dass Käufe aufgeschoben werden und die Konjunktur einfriert. Heißt im Klartext: Was Verbraucher freut, könnte Gift sein für die weitere Wirtschaftsentwicklung. [10]

Was ist Fakt? Die Inflationsrate betrug im März 2014 1,0 Prozent. Das bedeutet, dass sich im Vergleich zum selben Monat vor einem Jahr die im Warenkorb des Preisindex für die Lebenshaltung befindlichen „Waren" um 1,0 Prozent *verteuert* haben. Etwas, das damals also 100 € kostete, kostet jetzt durchschnittlich 101 €. Zurückgegangen sind demnach nicht die Preise, sondern das Wachstum der Preise („Preisauftrieb so schwach wie seit Jahren nicht"), das „auf den tiefsten Stand seit August 2010 gesunken" ist. In der ganzen Zeit hat sich der Warenkorb im Vergleich zum selben Zeitpunkt ein Jahr davor aber immer verteuert. Nur so gering wie im März 2014 war diese jährliche Verteuerung in diesem Zeitraum nie. Ob sich die durchschnittliche Kaufkraft der Verbraucher gestärkt hat, lässt sich nicht an einer solchen kleiner werdenden Inflationsrate festmachen, ohne auch die durchschnittliche Entwicklung der Löhne zu berücksichtigen. Erhöhen sich diese nur unter der Inflationsrate, dann *sinkt* trotz der niedriger werdenden Inflationsrate durchschnittlich die Kaufkraft.

Zum durchaus ernstzunehmendem Gedanken, dass eine niedrige Inflation nicht unbedingt Anlass zum Jubeln sein muss, müsste die Überschrift demnach korrekterweise „Hilfe, alles wird weniger teurer!" und nicht „Hilfe, alles wird billiger!" lauten. Das klingt allerdings zugegebenermaßen weniger interessant!

2.2 Verschleiernde Prozentangaben

Während bei großen Grundgesamtheiten wie z. B. ganzen Bevölkerungen die Veranschaulichung der wahren Verhältnisse durch die Prozentangaben gelingt, ist ein solcher Umweg bei kleinen Grundgesamtheiten gar nicht nötig. Im Gegenteil! Hier können die Prozentzahlen entgegen ihrer ursprünglichen Aufgabe die Vorstellung über den wahren Sachverhalt sogar verschleiern, wie das Beispiel aus einer oberösterreichischen Tageszeitung belegt (Abb. 2.7) [11].

Aus der Grafik geht unter anderem hervor, dass in der betreffenden Kalenderwoche 11 Prozent der tödlichen Verkehrsunfälle durch Geisterfahrer verursacht wurden. Was denken Sie, wenn Sie das lesen? Fahren auf den oberösterreichischen Straßen lauter Irre herum, die als Geisterfahrer auf der Autobahn sich selbst oder andere Verkehrsteilnehmer gefährden? Wurden in dieser Woche vielleicht von 591 tödlichen Verkehrsunfällen gleich 65 durch Geisterfahrer verursacht?

Die Tragik hinter dieser Statistik ist, dass in einer wirklich katastrophalen Woche neun tödliche Verkehrsunfälle auf Oberösterreichs Straßen zu beklagen waren. Der Unsinn an der grafischen Darstellung besteht darin, dass die Häufigkeiten der jeweiligen Hauptunfallursachen in dieser doch so kleinen Grundgesamtheit von neun Unfällen in Prozent dargestellt wurden. Wozu? Zur Veranschaulichung? Bei den 11 Prozent Unfällen, die von Geisterfahrern verursacht wurden, handelt es sich tatsächlich um einen einzigen Unfall! Die 22 Prozent mit unbekannten Ursachen betreffen zwei der neun Unfälle. Trotz ihrer mathematischen Korrektheit veranschaulicht die Angabe der Prozent-

Hauptunfallursachen der tödlichen
Verkehrsunfälle
43. Kalenderwoche 2006

11 %

22 %   34 %

11 %   11 %   11 %

■ nichtangepasste Geschwindigkeit
■ Übermüdung
■ Unachtsamkeit/Ablenkung
■ Geisterfahrer
■ unbekannte Ursachen
■ Wildunfall

Abb. 2.7   Geisterfahrer: 11 Prozent aller tödlichen Verkehrsunfälle oder einer von neun? [11]

zahlen in diesem Fall die Wahrheit nicht im Geringsten. Sie liefert im Gegenteil in unserer Vorstellung ein verzerrtes Abbild der Realität. Jeder Leser kann sich leicht vorstellen, was es bedeutet, dass sich einer von neun tödlichen Unfällen durch Geisterfahrer und zwei durch unbekannte Ursachen ereigneten. Sind die wahren Größen anschaulich genug, sind Prozentzahlen nicht notwendig, weil sie dann nämlich keine Not wenden. (Die Aufrundung der drei Unfälle ($3:9 \cdot 100 = 33,3$ Prozent) wegen nichtangepasster Geschwindigkeit auf 34 Prozent ist wohl dem Willen ge-

schuldet, trotz der bei den gegebenen Zahlen unvermeid-
lich auftretenden Rundungsfehler auf eine korrekte Summe
von 100 Prozent zu kommen.)

Der nächste Text aus der Rubrik über Prozentangaben,
die nicht veranschaulichend wirken, ist einem Artikel mit
dem Titel „Aids-Infektionen steigen in Oberösterreich um
65 Prozent" entnommen, der in einer oberösterreichischen
Wochenschrift erschienen ist und in dem Folgendes beklagt
wird:

> *Mehr als 1000 Oberösterreicher haben sich bisher mit dem
> tödlichen HIV-Virus infiziert, bei insgesamt 165 ist die
> Krankheit ausgebrochen. Besonders erschreckend: Die Zahl
> der Neu-Infektionen stieg im Vorjahr in Oberösterreich um
> knapp 65 Prozent von 22 (im Jahr 2002) auf 36– und das
> bei leicht sinkendem Bundesschnitt. Und: In Oberösterreich
> sind so viele Frauen von Aids betroffen wie sonst nirgendwo
> in Österreich.*
>
> *Angesichts dieser Zahlen stehen auch die Experten vor
> einem Rätsel. Alle Erklärungsversuche, wie etwa eine florie-
> rende Drogenszene, die Öffnung der Ostgrenzen oder ein ho-
> her Migrantenanteil, sind laut Experten reine Spekulation.*
> [12]

Das Thema ist natürlich ein ernstes und muss mit Ernst behandelt werden! Die Überschrift erzeugt Panik angesichts
der beschriebenen Entwicklung. Aber die Steigerung der
Neuinfektionen von 2002 auf 2003 um 65 Prozent ist –
wie erst aus dem Text folgt – nicht etwa eine Steigerung
von vielleicht 22.000 auf $22.000 + 0,65 \cdot 22.000 = 36.300$
neue HIV-positiv-Fälle und auch nicht von 2200 auf 3630,
sondern eine Steigerung von 22 auf 36 einzelne tragische

Fälle. Schlimm genug für die 36 Mitmenschen, aber die Angabe „um 14 Fälle mehr" klingt doch etwas anders als „Aids-Infektionen steigen in Oberösterreich um 65 Prozent". (Tatsächlich ist das Infizieren mit dem HIV-Virus gemeint, was nicht automatisch mit einer Aids-Erkrankung gleichgesetzt werden darf. Überdies handelt es sich entgegen der Schlagzeile nur um Neuinfektionen). Hat jemand ein Problem damit, sich eine Steigerung von 22 auf 36 Personen vorzustellen? (Und der Ordnung halber: 36 sind im Vergleich zu 22 um $14:22 \cdot 100 = 63,6$ Prozent und nicht um 65 Prozent mehr.)

Auch im nachfolgenden Text verschleiern die Prozentangaben die tatsächlichen Häufigkeiten der Ergebnisse eines Testberichts der Arbeiterkammer leider eher, als dass sie sie veranschaulichen. So wird unter der Überschrift „Mängel in Gemüse-/Obst-Abteilungen" wie folgt berichtet:

Angefaultes Obst, matschiges Gemüse, fehlende Preisschilder, nicht geeichte Waagen: Kein gutes Zeugnis stellt die Arbeiterkammer den Supermärkten in Wien nach einem Test von 20 Filialen aus. Bei fast jedem zweiten Betrieb (45 Prozent) traten Mängel auf, eine Filiale wurde sogar mit einem ‚nicht zufrieden stellend' beurteilt. [13]

Rechnerisch ist hier absolut nichts zu bemängeln. Aber statt zu schreiben, dass bei fast jedem zweiten Betrieb oder in 45 Prozent Mängel auftraten, hätte die Angabe der rohen Zahlen zur korrekten Veranschaulichung gereicht: In neun von 20 Betrieben traten Mängel auf. Fertig! Durch die Prozentangaben wird am ehesten noch die niedrige Gesamtzahl der untersuchten Erhebungseinheiten (hier: Betriebe) ver-

AUGSBURGS AUFSTEIGER ANDRÉ HAHN

1566 Prozent mehr Gehalt!

Vor 15 Monaten verdiente er 6000 Euro im Monat + + + Bald werden es 100 000 sein

Hahn macht zur kommenden Saison einen ordentlichen Gehaltssprung

Abb. 2.8 Was ist anschaulicher: „1566 Prozent mehr" oder „das 16,7-fache"? [14]

schleiert, denn die Angabe 45 Prozent klingt nach einer viel größeren Grundgesamtheit. Glücklicherweise ist niemand auf die Idee gekommen, die eine Filiale, die mit „nicht zufrieden stellend" beurteilt wurde, auch noch durch „5 Prozent aller Betriebe" oder „bei jedem 20. Betrieb" „veranschaulichen" zu wollen.

Auch bei der Beschreibung von Entwicklungen, die über eine Verdoppelung hinausgehen, sind Prozentzahlen im Hinblick auf die bessere Veranschaulichung der wahren Verhältnisse eher ungeeignet (Box 2.1), wie sich auch mit dem Artikel, erschienen unter der Schlagzeile „1566 Prozent mehr Gehalt!" am 14. Mai 2014, belegen lässt (Abb. 2.8) [14].

Verdient ein Erwerbstätiger vor einer Gehaltserhöhung 2754 € und danach 2933 €, dann kann man sich das Ausmaß der Erhöhung sicherlich besser vorstellen, wenn man sagt, dass er jetzt um 6,5 Prozent mehr als vorher verdient! Damit wäre gemeint, dass er für jeweils 100 €, die er vorher verdient hat, nunmehr 6,50 € mehr, also 106,50 €, auf dem Konto hat. Das macht den Unterschied durchaus anschaulicher!

Demnach ist eine Verdoppelung des Gehalts bereits eine Steigerung um 100 Prozent, denn pro vorherigen 100 € verdient der Betroffene jetzt 200 €. Eine Verdreifachung würde somit eine Erhöhung von 100 auf 300 € bedeuten, und das sind um 200 Prozent (= 200 €) mehr als die ursprünglichen 100 €. Der in dem Artikel genannte Spieler hatte 6000 € im Monat verdient, in Zukunft werden es 100.000 € sein. Schön für ihn. Er verdient also rund 16,7 mal mehr. Was meinen Sie? Ist es wirklich nötig, den auf diese Weise nachvollziehbaren Zuwachs in Prozentzahlen auszudrücken? Eigentlich sollte man den Zuwachs bei so glatten Zahlen (von 6000 auf 100.000) richtig einschätzen können – falls nicht, so wird einem die Prozentangabe (um 1566 Prozent mehr) auch nicht viel nützen. Oder?

Um eben diese Vervielfachungsproblematik geht es auch in einem Beitrag in einer auflagenstarken österreichischen Tageszeitung zu einem Rechnungshofbericht. Dort steht unter der Schlagzeile „Bei Kindergarten-Gebühren gibt's bis zu 630 Prozent Unterschied" Folgendes:

Bis zu 630 Prozent Differenz bei den oö. Kindergartengebühren stellte der Rechnungshof fest. So kostet der Elternbeitrag zwischen 36 und 263 Euro im Monat! Für die Knirpse fehlen außerdem Betreuungsplätze. Dafür leistet sich die Politik den Luxus von zwei Abteilungen für ein Ressort. [15]

Niemand hat ein Problem damit, sich die Unterschiedlichkeit von Elternbeiträgen vor Augen zu führen, die zwischen
36 und 263 € im Monat liegen. Zu erläutern, dass der maximale Beitrag mehr als dem Siebenfachen des minimalen
entspricht, wäre allemal anschaulicher gewesen, als diese
Differenz durch einen Unterschied von „bis zu 630 Prozent" erklären zu wollen. Auch in diesem Fall erscheint die
Angabe des Wachstums in Prozent nicht zielführend.

2.3 Prozente und Prozentpunkte

Eine ganz eigene Kategorie von ungenauen Interpretationen im Zusammenhang mit Prozentangaben ergibt sich aus
der Unterscheidung von Prozenten und Prozentpunkten.
Dies ist ein häufiges Thema bei Vergleichen von Prozentsät-
zen in einer sogenannten Zeitreihe. Die österreichische Tageszeitung „Der Standard" schrieb über die Ergebnisse der
im Frühjahr 2014 durchgeführten Stadtwahlen in Salzburg
auf der Titelseite unter der Schlagzeile „Neos-Triumph in
Salzburg" Folgendes:

> *Die Neos sind die Gewinner der Gemeinderatswahl in der
> Stadt Salzburg. Die erstmals antretende Partei erreichte über
> zwölf Prozent. Deutliche Verluste musste die ÖVP [Öster-
> reichische Volkspartei; Anm. des Verf.] hinnehmen, die ein
> Minus von über acht Prozent eingefahren hat. SPÖ [Österrei-
> chische Sozialdemokratische Partei; Anm. des Verf.] und Grü-
> ne rutschten ebenfalls jeweils um rund drei Prozent ab. [16]*

Dies entspricht wirklich nicht dem „Standard" korrekter statistischer Interpretation (vgl. z. B. Quatember

2014a, S. 18). Betrachten wir einmal das tatsächliche ÖVP-Ergebnis: Die ÖVP hatte bei der letzten Wahl noch 27,8 Prozent der abgegebenen gültigen Stimmen erreicht. Diesmal waren es nur 19,4 Prozent. Will man dieses Minus beschreiben, hat man zwei Möglichkeiten: Entweder man gibt es als Verlust in Prozent ausgehend vom prozentuellen ÖVP-Ergebnis der letzten Wahl an, dann hat die ÖVP $(19,4-27,8):27,8 \cdot 100 = -30,2$ Prozent, also beinahe ein Drittel ihres damaligen Prozentsatzes, eingebüßt! Oder aber man fasst die Prozentanteile als Punkte auf und vergleicht die beiden Zahlen dann derart, dass die ÖVP im Vergleich zum letzten Mal ein Minus von 8,4 Prozent*punkten* eingefahren hat. „Ein Minus von über acht Prozent" aber verniedlicht den tatsächlichen Verlust geradezu, weil dies bedeuten würde, dass diese Partei beim Blick auf ihre Anteile von 100 gedachten ÖVP-Stimmen der letzten Wahl nur acht Stimmen verloren hätte. Es waren aber mehr als 30!

Noch drastischer ist der Unterschied zwischen Prozenten und Prozentpunkten z. B. im folgenden Bericht, in dem das Ergebnis der FPÖ (Freiheitliche Partei Österreichs) bei den Landtagswahlen des Jahres 2013 in Kärnten unter dem Titel „FPÖ-Präsidium berät Wahlergebnisse" folgendermaßen beschrieben wird:

Das Präsidium der FPÖ ist zu einer Sitzung in Wien zusammengekommen. Es handle sich dabei um eine Aussprache nach den Landtagswahlen in Kärnten und Niederösterreich, so Parteichef Strache. Personal- oder Strategie-Entscheidungen soll es nicht geben. [...]

Die Freiheitlichen hatten bei der Landtagswahl in Kärnten vor einer Woche eine historische Niederlage erlitten und 28 %

verloren. Auch in NÖ [Niederösterreich; Anm. des Verf.] hatte Spitzenkandidatin Rosenkranz Verluste für die FPÖ eingefahren, blieb jedoch Parteichefin. [17]

Die FPÖ hatte bei den Landtagswahlen des Jahres 2009 noch 44,9 Prozent der abgegebenen gültigen Stimmen erhalten. Im Jahr 2013 fiel ihr Ergebnis mit vergleichweise geringen 17,1 Prozent dramatisch schlechter aus. Die Aussage, dass die Freiheitlichen bei der Landtagswahl 28 Prozent verloren hätten, ist deshalb eine vollkommene Verniedlichung des Wahldesasters dieser Partei im Jahr 2013. Tatsächlich hatte sie im Vergleich zum Ergebnis von 2009 satte 61,9 Prozent ihres Anteils verloren, denn es ist $-27,8:44,9 \cdot 100 = -61,9$. Gemessen an einer gleich großen Grundgesamtheit hat die FPÖ annähernd 62 von 100 ihrer Wähler verloren! Will man einfach nur die Differenz der Prozentzahlen vom Ergebnis im Jahr 2009 zum Ergebnis im Jahr 2013 ausdrücken, dann betrachtet man die Prozentzahlen als Punkte, und die Differenz von 44,9 Prozent und 17,1 Prozent ist ein Rückgang um 27,8 Prozent*punkte*! Die Freiheitlichen hatten also im Vergleich zur letzten Wahl 61,9 Prozent ihres Anteils oder 27,8 Prozentpunkte verloren.

Eine Vermischung von Prozenten und Prozentpunkten im Text führt daher selbstredend zu Konfusion. So stellte eine monatliche Gratiszeitung, die über 200.000 Haushalte erreicht, unter dem aussagekräftigen Schlagwort „Verdoppelung" fest:

Bis zum Jahr 2040 wird sich in Oberösterreichs Bevölkerung der Anteil der Senioren über 65 Jahre von derzeit 16,5 % auf 29,2 % fast verdoppeln. Die unter 20-jährigen werden um 4,5 % weniger. [18]

Ein fast doppelt so hoher Seniorenanteil im Jahr 2040, aber nur um knappe 4,5 Prozent weniger Junge? Hier das Originalzitat des stellvertretenden Landeshauptmanns Oberösterreichs: „Wir werden in Zukunft eine Armut an Jugendlichen und einen Reichtum an Senioren haben. So sinkt der Anteil der jungen Menschen von 23 Prozent im Jahr 2008 auf 18,5 Prozent im Jahr 2040, und der Anteil an Senioren nimmt von 16,5 Prozent im Jahr 2008 auf 29,2 Prozent im Jahr 2040 zu."

Faktum ist also: Der Seniorenanteil wächst von 16,5 Prozent um $(29,2 : 16,5 \cdot 100) - 100 = 77,0$ Prozent auf 29,2 Prozent. „Verdoppelung" hieße natürlich ein Wachstum um 100 Prozent und nicht um 77 Prozent. Aber der Anteil der Jungen sinkt von 23 Prozent auf 18,5 Prozent und damit von 23 Prozent immerhin um satte $(18,5 : 23 \cdot 100) - 100 = -19,6$ Prozent und nicht nur um 4,5 Prozent auf 18,5 Prozent. Oder aber der eine Anteil steigt um 12,7, der andere fällt um 4,5 Prozent*punkte*. Das prozentuelle Wachstum der Prozentzahlen (ja, so kompliziert klingt es halt) und die Prozentpunkte, also einfach die Differenz der Prozentzahlen, sollten keinesfalls in einem Atemzug (oder zwei aufeinanderfolgenden Sätzen) verwendet werden.

2.4 Falsche Bezugsgrundgesamtheiten

Für die korrekte Interpretation der Ergebnisse statistischer Erhebungen ist es generell immens wichtig zu wissen, auf welche Grundgesamtheit sich diese Kennzahlen beziehen. Betrachten wir einen Text aus einer oberösterreichischen

Gratistageszeitung unter der Schlagzeile „Mehr tödliche Radunfälle":

> *Während die Zahl der Verkehrstoten insgesamt heuer sinkt, registriert die Statistik Austria einen dramatischen Anstieg bei den verunglückten Radfahrern. Vom Jänner bis September dieses Jahres sind 44 Radler gestorben, im Vorjahr waren es um elf Opfer, das heißt um ein Drittel, weniger. Experten raten zur Nutzung von Helm und reflektierender Kleidung.* [19]

Insbesondere bei Betrachten einer Zeitreihe, wenn also die zeitliche Entwicklung von Statistiken interessiert, kommt dem jeweiligen Bezugszeitpunkt enorme Bedeutung zu. Ein Drittel mehr ist dabei nämlich gleichzeitig aus der anderen Richtung betrachtet ein Viertel weniger, je nachdem welche der beiden Zahlen aus dem Artikel die Basis darstellt. Das klingt für manche absurd, ist es aber nicht im Geringsten. Bezieht man die bedauerliche Erhöhung der zu Tode gekommenen Radfahrer gegenüber dem Vorjahr auf die 33 Getöteten des Vorjahres, dann bedeuten elf Opfer mehr exakt so viel wie ein Drittel (oder $11:33 \cdot 100 = 33{,}3$ Prozent) mehr als die 33 Opfer im Vorjahr. Drückt man diese Steigerung aber aus der Sicht der Zahl der 44 Toten des aktuellen Jahres aus, dann waren es im Vorjahr elf Tote, also ein Viertel oder $11:44 \cdot 100 = 25$ Prozent und nicht ein Drittel von 44 Opfern, weniger!

Es stellt sich natürlich auch die (Veranschaulichungs-) Frage, warum die Aussage „Vom Jänner bis September dieses Jahres sind 44 Radler gestorben, im Vorjahr waren es um elf Opfer … weniger" überhaupt (falsch) ergänzt wurde. Es kann sich wohl auch ohne den Zusatz jeder Mensch ein Bild von der Entwicklung der tödlichen Radunfälle machen, wenn dieses Jahr 44 und im Vorjahr nur 33 Opfer gezählt wurden.

Auch eine große oberösterreichische Tageszeitung lieferte eine fachlich erschreckende Schlagzeile: „Telekom-Leitungen in anderen Ländern bis zu 640 Prozent billiger als bei Post". Der Text darunter lautet:

> *Österreich hat im internationalen Vergleich viel zu hohe Telekom-Leitungsgebühren. Daran wird sich auch nach der angekündigten Tarifsenkung um 30 Prozent im Nah- und 50 Prozent im Fernbereich nichts ändern […] Innerhalb eines Ortsnetzes ist die Post um 513 Prozent teurer als Pacific Bell (USA) und 18 Prozent teurer als die deutsche Telekom. Bei Fernzonen über 700 Kilometer liegt der Tarif um 640 Prozent über dem der schwedischen Telia. [20]*

In der Schlagzeile wird dem Leser vorgemacht, dass ein bestimmter Fernzonentarif, der in Österreich um 640 % teurer als in Schweden ist (in Schweden pro Stunde z. B. 10 €, in Österreich 10 + 6,4 · 10 = 74 €), umgekehrt in Schweden um 640 Prozent billiger als in Österreich sein muss. Dem ist aber ganz und gar nicht so! Ist ein Produkt um 50 Prozent billiger, dann bedeutet dies, dass es die Hälfte des Basispreises kostet (z. B. bei einem Basispreis von 10 €: 10 – 0,5 · 10 = 5 €), 75 Prozent billiger, dass es nur ein Viertel kostet (z. B. 10 – 0,75 · 10 = 2,50 €), und 100 Prozent billiger, dass es gar nichts mehr kostet (z. B. 10 – 1 · 10 = 0 €). Wenn der Tarif in Schweden um 640 Prozent billiger als in Österreich wäre, würde das demnach bedeuten, dass die Schweden, wenn sie eine Stunde in dieser Fernzone telefoniert

Abb. 2.9 Die Prozentzahl in der Grundgesamtheit ergibt sich nicht durch das Zusammenzählen der Prozentzahlen in Teilgesamtheiten. [21]

hätten, 399,60 € *verdient* hätten $(74–6,4 \cdot 74 = -399,60$ €)! Das ist wahrer Sozialstaat: Telefonieren wir uns reich!

Eine besondere statistische Aufgabenstellung, die sogenannte bedingte Verteilung (Box 2.2), ist Thema des folgenden Artikels. Unter diesem Begriff versteht man die Zerlegung einer Grundgesamtheit in verschiedene Teile und die Berechnung statistischer Kennzahlen in jedem dieser Teile. Auf Basis der Prozentangaben über Entwicklungen der Beschäftigten- und Arbeitslosenzahlen der beiden Geschlechter wurde darin eine geradezu „wunder-volle" Lösung der Arbeitslosenproblematik präsentiert (Abb. 2.9) [21].

Im Schaubild von Abb. 2.9 geht es (angeblich) um die Veränderungen gegenüber dem Vorjahr. Für die Anzahlen der unselbstständig Aktivbeschäftigten trifft dies allerdings nicht zu. Denn die Anzahl der unselbstständig beschäftigten Frauen wäre demnach von 2005 auf 2006 um unmögliche 31,1 Prozent von offenbar 1.083.562 auf 1.420.550, die der Männer um 32,7 Prozent von 1.354.749 auf 1.797.752 gestiegen. Die Vergleichszahlen stammen tatsächlich aus dem vorigen Jahrhundert und nicht aus 2005.

Die Gesamtzahl der Beschäftigten erhöhte sich im nicht näher beschriebenen Zeitraum jedenfalls von 2.438.311 auf 3.218.302 um (3.218.302–2.438.311): 2.438.311·100 = 32,0 Prozent – und nicht etwa um 31,1 + 32,7 = 63,8 Prozent! Man darf keinesfalls einfach die Prozentzahlen in den Teilgesamtheiten der Frauen und Männer addieren, um auf die Prozentzahl bei allen Beschäftigten zu kommen!

Bei den arbeitslosen Personen der gleiche „innovative Ansatz"! Ein Rückgang bei den Männern im Jahresabstand um 13,7 Prozent und bei den Frauen um 10,3 Prozent ergibt keinen Gesamtrückgang um 24,0 Prozent! Nach dieser Berechnungsmethode würde ein Rückgang der Arbeitslosen bei den Frauen um 50 Prozent und bei den Männern im selben Ausmaß einen Gesamtrückgang um – ja sprechen wir es doch aus! – satte 100 Prozent bedeuten. Dann gäbe es also keine Arbeitslosen mehr? Wohin verschwinden aber die übrig gebliebenen 50 Prozent an arbeitslosen Personen in beiden Geschlechtergruppen? Und was würde ein Rückgang von jeweils 60 Prozent innerhalb dieser beiden Teilgesamtheiten bedeuten? Nennt man das dann „Überbeschäftigung"?

2.2 Bedingte Verteilungen

Oftmals werden mehrere Merkmale gleichzeitig erhoben. Man befragt die Erhebungseinheiten in einer Umfrage nach deren Geschlecht, Alter, Ausbildung, politischen Einstellungen etc. Neben der Auswertung der einzelnen Merkmale sind auch Vergleiche wie z. B. der Einstellungen unter den Frauen und unter den Männern von Interesse. Zu diesem Zweck wird die Gesamtheit der Befragten zuerst (nach dem Geschlecht der Erhebungseinheiten etwa) in verschiedene Teile zerlegt und das interessierende Merkmal in jedem dieser Teile separat ausgewertet. Wir setzen also für die Betrachtung dieser Einstellungen eine Bedingung für ihre Auswertung (in unserem Fall das Geschlecht der Befragten). Die so erhaltenen Verteilungen eines Merkmals in verschiedenen Gruppen nennt man deshalb bedingte Verteilungen.

Auf diese Weise erhält man Auskunft darüber, ob unter den Männern eine bestimmte Einstellung mehr Anhänger findet als unter den Frauen, wie stark sich die Anteile der verschiedenen politischen Parteien in den verschiedenen Altersgruppen der Wahlberechtigten unterscheiden, oder welche Bildungsstruktur die Leserschaft bestimmter Zeitungen aufweist.

Auch der folgende Artikel aus einer oberösterreichischen Tageszeitung im Jahr 1997 behandelt solche bedingte Verteilungen. Die Schlagzeile „Österreich ist für Deutsche Urlaubsland Nummer eins" wurde daraus abgeleitet, dass deutsche Touristen für beinahe 50 Prozent die so erhaltenen Verteilungen aller Übernachtungen in Österreich verantwortlich zeichnen:

Insgesamt vermerkte das ÖSTAT [damalige Kurzbezeichnung der heutigen Statistik Austria; Anm. des Verf.] im Vorjahr

24,09 Millionen Ankünfte und 112,9 Millionen Übernach-
tungen. Davon verbrachten 9,8 Millionen Deutsche mehr als
56 Millionen Nächte in Österreich. Damit ist die Bundes-
republik der Spitzenreiter in der ‚Hitparade‘ der Herkunfts-
länder für Österreichs Tourismus.

Aber auch die Zahl der Österreicher kann sich sehen lassen:
Etwas mehr als sieben Millionen inländische Gäste verbuchte
die Statistik. Allerdings bleiben die Österreicher im eigenen
Land kürzer, denn verglichen mit den Deutschen sorgten die
Einheimischen nur für 28,7 Millionen Übernachtungen.
Die etwas mehr als eine Million Niederländer blieben etwas
länger: Sie bescherten den Fremdenverkehrsorten rund sieben
Millionen Übernachtungen. Damit liegen sie an dritter Stelle
in der Rangordnung. Nach den ‚Top drei‘ teilt sich die Sta-
tistik. Bei den Ankünften belegen Italiener vor Schweizern,
US-Amerikanern, Franzosen, Briten, Belgiern und Luxem-
burgern, Japanern, Ungarn, Spaniern, Dänen, Tschechen und
Schweden die Plätze vier bis 15. In der Nächtigungsbilanz
liegen hingegen die Schweizer auf Platz vier vor den Belgiern/
Luxemburgern, Briten, Italienern, Franzosen und US-Bür-
gern. [22]

Die Zahlen dieser „Hitparade" der Herkunftsländer der
Österreichurlauber dokumentieren also, *woher* die Österreichurlauber stammen. Die Überschrift beschreibt
aber die bedingte Verteilung, aus der hervorgeht, *wohin*
die Deutschen in Urlaub fahren. Es sind aber zwei völlig
unterschiedliche Dinge, ob beinahe 50 Prozent der Übernachtungen in Österreich von Deutschen stammen oder
beinahe 50 Prozent der Deutschen in Österreich urlauben.
Denn die beliebtesten Urlaubsdestinationen der Deutschen
wurden gar nicht beschrieben. Für die Deutschen könnte

Abb. 2.10   Bezug auf falsche Teilgesamtheit: Länderanteile unter allen Beschwerden statt Beschwerdeanteile unter den verschiedenen Ländern. [23]

genauso gut Spanien (mit Mallorca), Italien oder das eigene Land „Urlaubsland Nummer eins" gewesen sein, auch wenn sie mit 56 Mio. Übernachtungen und 9,8 Mio. Ankünften den größten Anteil aller Touristen in Österreich ausmachen. Die Überschrift müsste also korrekt „Deutsche sind in Österreich Urlauber Nummer eins" lauten.

Der Fehler, sich auf eine falsche Teilgesamtheit zu beziehen, unterlief auch einer anderen österreichischen Tageszeitung. Unter der Schlagzeile „Reise-Frust statt Urlaubslust" befand sich eine Grafik mit den „Angaben in Beschwerden nach Ländern in Prozent" (Abb. 2.10). Darin addieren sich allerdings die Prozentzahlen der einzelnen Länder auf 100 [23]. Die Grafik beinhaltet demnach nur die Länderanteile unter allen Reklamationen: 22,5 Prozent aller Reklamationen betrafen Griechenland-, 22,0 Prozent Türkeiurlaube und so fort. Es handelt sich demnach nicht um die angekündigten Beschwerdeanteile in den einzelnen Ländern, wenngleich diese natürlich die eigentlich interessierenden Zahlen wären: Unter den nach Land A Reisenden haben sich x Prozent, unter den nach Land B Reisenden nur y Prozent beschwert und so weiter.

Die vorliegende Aufstellung suggeriert, dass Griechenland- und Türkeireisende häufiger unzufrieden waren als Fernreisende! Das können aus den angegebenen Zahlen aber höchstens die Priester des abgebildeten Heiligtums in Delphi ablesen. Es könnte ja unter den Reklamationen alleine deshalb eine Mehrheit von Griechenlandreisenden geben, weil auch eine Mehrheit der Reisenden nach Griechenland gefahren ist.

In dem folgenden Artikel aus einer österreichischen Tageszeitung wurden vom vormaligen Statistischen Zentralamt (ÖSTAT) (damalige Kurzbezeichnung der heutigen Statistik Austria) im Jahr 1990 in verschiedenen Gesamtheiten erhobene „Durchfallerquoten" von österreichischen Schülern unter der Schlagzeile „Wiens Schüler fallen öfter durch" kommentiert und mit einer Grafik (Abb. 2.11), einem echten Klassiker aus dem Bereich der bedingten Verteilungen, belegt:

In Wien und Vorarlberg fallen um ein Drittel mehr Schüler durch als in der Steiermark, Niederösterreich oder im Burgenland. Laut jüngster Erhebung des Österreichischen Statistischen Zentralamtes (ÖSTAT) liegen die ‚Durchfallerquoten' dieser beiden Länder klar über jenen anderer Bundesländer.

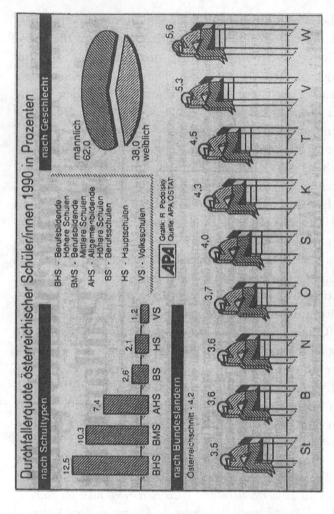

Abb. 2.11 Bezug auf falsche Teilgesamtheit: „Bei den Burschen erreichen 62 Prozent ihr Klassenziel nicht" [24]

Die Ursachen ortet das ÖSTAT in der unterschiedlichen Leistungsbeurteilung in den Ländern. Im Bundesdurchschnitt dürfen jährlich 4,2 Prozent der Schüler nicht ‚aufsteigen'.

Die Mädchen – oft zahlenmäßig überlegen – stellen nur etwas mehr als ein Drittel der ‚Sitzenbleiber'. Bei den Burschen dagegen erreichen 62 Prozent ihr Klassenziel nicht. Die meisten ‚Durchfaller' gibt es an Berufsbildenden Höheren Schulen: Nicht einmal jeder Zehnte schafft den Aufstieg. In Höheren Technischen Lehranstalten bleiben mehr als 15 Prozent ‚sitzen'. Die Allgemeinbildenden Höheren Schulen verzeichnen bundesweit 7,4 Prozent ‚Sitzenbleiber'.[24]

Das Kreisdiagramm in Abb. 2.11 zeigt nicht das, was in der Überschrift steht. Die „Durchfallerquote österreichischer Schüler/innen 1990 in Prozenten nach Geschlecht" würde angeben, wie viel Prozent von den Mädchen und wie viel von den Burschen damals durchgefallen sind. Im Kreisdiagramm kann man aber lediglich ablesen, wie groß der Anteil an Burschen und Mädchen unter den Durchgefallenen war. Darauf wird im Text auch eingegangen: „Die Mädchen – oft zahlenmäßig überlegen – stellen nur etwas mehr als ein Drittel der ‚Sitzenbleiber'." So weit, so gut. Dann heißt es jedoch: „Bei den Burschen erreichen hingegen 62 Prozent ihr Klassenziel nicht." Autsch! Tatsächlich stimmt, dass sich unter den Durchgefallenen 62 Prozent Burschen befanden! Damit sind die Burschen unter den Durchgefallenen sicherlich überrepräsentiert. Doch das bedeutet natürlich nicht, dass gleich 62 unter 100 Burschen im Jahr 1990 in österreichischen Schulen durchgefallen sind, dass also die Mehrheit einer ganzen Generation von Burschen in diesem Jahr die Klasse wiederholen musste!

Ein weiterer schwerer Interpretationsfehler bezieht sich auf das Säulendiagramm „Durchfallerquote nach Schultypen". Offenbar fielen 1990 von den Schülern an Berufsbildenden Höheren Schulen (BHS) 12,5 Prozent, von denen an Berufsbildenden Mittleren Schulen (BMS) 10,3 Prozent durch und so fort. Und wie wird das im Zeitungsartikel beschrieben? – „Die meisten „Durchfaller" gibt es an Berufsbildenden Höheren Schulen: Nicht einmal jeder Zehnte schafft den Aufstieg." Aha. Und nicht einmal jeder zweite Satz in diesem Artikel ist richtig …

Während in diesem Beispiel an sich korrekte Statistiken falsch interpretiert wurden, hat man im nächsten Beispiel die eigenartige Interpretation einer Studie nicht weiter hinterfragt, sodass diese am 10. Oktober 2011 unter der Schlagzeile „Jeder dritte Schulwegunfall im Herbst" und mit folgendem Text veröffentlicht wurde:

Jeder dritte Schulwegunfall passiert im Herbst zwischen Oktober und Dezember, warnt der Verkehrsclub Österreich (VCÖ). Vor allem in Oberösterreich passieren die meisten Schulwegunfälle in der dunklen Jahreszeit, so eine Studie.

Heuer passierten in Oberösterreich allein in der ersten Jahreshälfte bereits 32 Schulwegunfälle. Die Statistik zeigt, dass in der Zeit zwischen Oktober und Dezember das Risiko für die Schulkinder noch weiter steigt. Denn von den 64 Unfällen im Vorjahr passierten 20, also etwa ein Drittel in der sogenannten dunklen Jahreszeit. […]

Der Verkehrsclub rät einmal mehr den Eltern darauf zu achten, dass die Kinder helle, reflektierende Kleidung anziehen. Die Gründe für einen Unfall sind oft schlechte Sichtverhältnisse in Kombination mit unübersichtlichen Kreuzungen und mangelnder Aufmerksamkeit der Autofahrer. [25]

Um auf dem Schulweg überhaupt einen Unfall haben zu können, müssen Schulkinder *in die Schule gehen*. Das ist in Österreich von 52 Jahreswochen in etwa in folgenden Wochen der Fall:

- 12 Frühlingswochen (13–1 Osterferienwoche),
- 4 Sommerwochen (13–9 Sommerferienwochen),
- 13 Herbstwochen (keine Ferien),
- 10 Winterwochen (13–2 Weihnachtsferien- und 1 Semesterferienwoche).

Der Herbst stellt demnach mit ungefähr 13 von insgesamt ca. 39 Schulwochen ungefähr ein Drittel aller Schulwochen. Mit 20 von insgesamt 64 Schulwegunfällen passierten in Oberösterreich im Vorjahr allerdings weniger als ein Drittel aller Unfälle im Herbst. Also, wenn überhaupt, dann nimmt im Herbst im Vergleich zu den anderen Jahreszeiten das „Risiko für die Schulkinder" eher ab.

Natürlich muss man bei solchen Vergleichen auf die Vergleichbarkeit achten. Einfach die vier Jahreszeiten als gleich lang zu betrachten, wenn man Schulwegunfälle untersucht (ein Drittel der Unfälle im Herbst, also in einem Viertel des Jahres), ist völliger Unsinn! Oder was halten Sie von folgender Schlagzeile: „August sicherster Schulwegmonat – Noch nie sind im August Schüler auf ihrem Schulweg verunglückt"? Dennoch sollten Eltern natürlich auf reflektierende Kleidung achten und Kinder diese auch anziehen. Aber das ist eine andere Geschichte …

Ein ähnlicher Interpretationsirrtum könnte im nachfolgenden Text aus dem Jahre 2009 passiert sein, in dem es unter der Schlagzeile „Weniger Alko-Lenker im Advent" um einen (Erfolgs-) Bericht der Polizei über die verstärkten Alkoholkontrollen im Advent dieses Jahres geht:

> *Die Zahl der Alko-Lenker im Advent geht zurück. Das ist die bisherige Bilanz der verstärkten Alkohol-Kontrollen der Polizei. 50.000 Lenker wurden im Dezember kontrolliert, davon wurden 1.400 angezeigt. Das sind etwa 2,5 %, im Vorjahr war der Prozentsatz doppelt so hoch. Die meisten Alkolenker gab es in Wien.*
>
> *Die Polizei führt das auch auf die verstärkten Kontrollen zurück. Sie wird auch um Weihnachten und Silvester ihre Schwerpunktaktionen fortsetzen.* [26]

Genau genommen sind 1400 Anzeigen in 50.000 Kontrollen doch $1400 : 50.000 \cdot 100 = 2{,}8$ Prozent und nicht „etwa 2,5 %". Im Vorjahr war der Anteil jedenfalls „doppelt so hoch". Die eigentliche Frage bei diesen Angaben ist jedoch, ob man aus dem Rückgang des Prozentsatzes der Anzeigen unter den kontrollierten Lenkern tatsächlich die in der Überschrift gegebene Schlussfolgerung ziehen kann. Gibt es also tatsächlich weniger „Alko-Lenker" als im Vorjahr?

Die „verstärkten Kontrollen" könnten nämlich in ganz anderer Weise als angemerkt Ursache dieses statistischen Rückgangs sein, nämlich dann, wenn bei den aktuellen Schwerpunktaktionen, statt wie bisher nur die „Verdächtigen", alle Angehaltenen kontrolliert wurden. Dann wäre der geringere Anzeigenprozentsatz im Jahr 2009 nicht verwunderlich und auch nicht unbedingt auf einen Rückgang der Alko-Lenker zurückzuführen, sondern darauf, dass im Jahr 2009 auch an augenscheinlich nüchternen Personen, die man im Vorjahr gar nicht kontrolliert hätte, der Alkoholpegel gemessen wurde.

Vergleiche von Prozentzahlen hinken oft sehr, wenn sie sich nicht auf gleiche Grundgesamtheiten beziehen. Die Diskussion, ob Frauen oder Männer die sichereren Autofahrer sind, ist Thema des folgenden Artikels aus der Onlineausgabe einer deutschen Tageszeitung vom 30. Januar 2007. Unter der Überschrift „Frauen fahren sicherer Auto" ist dort Folgendes zu finden:

> *Während Männer oft zu schnell unterwegs sind, haben Frauen bisweilen Probleme mit der Vorfahrt.*
>
> *Frauen fahren sicherer Auto als Männer. Knapp 79.000 weibliche Pkw-Fahrer wurden laut dem Statistischen Bundesamt 2005 von der Polizei als Hauptverursacher eines Verkehrsunfalls mit Personenschaden festgestellt; das entspricht einem Anteil von 35 Prozent der Verursacher.*
>
> *Im selben Zeitraum verschuldeten 143.000 männliche Pkw-Fahrer einen Unfall mit Verletzten oder Getöteten.*
>
> *Während Männer am häufigsten durch nichtangepasste Geschwindigkeit einen Unfall verursachten, führte bei den Frauen das Nichtbeachten der Vorfahrt zu den meisten Unfällen.*
>
> *Der Anteil von Frauen an allen Führerscheininhabern liegt in Deutschland bei rund 40 Prozent.* [27]

Der Anteil der Frauen unter den Führerscheinbesitzern liegt bei „rund 40 Prozent" und jener unter den Verkehrsunfällen mit Personenschaden bei (mit den genauen Unfallzahlen errechneten) 35 Prozent. Fahren Frauen demnach tatsächlich sicherer Auto als Männer? Das mag vielleicht stimmen, aber aus *diesen* Zahlen ist diese Schlussfolgerung keinesfalls zu ziehen. Man dürfte den prozentuellen Frauenanteil an den Unfällen nicht mit ihrem prozentuellen Anteil unter allen Führerscheinbesitzern vergleichen, sondern natürlich nur mit dem weiblichen Anteil an den tatsächlichen Fahrern oder sogar Fahrten. Führerscheinbesitzer fahren nicht automatisch auch Auto. Gibt es nicht immer noch Familien, in denen vor allem der Mann fährt, obwohl auch die Frau einen Führerschein besitzt? Dann könnten (deutlich) weniger Frauen auf den Straßen unterwegs sein, als es ihrem Anteil von 40 Prozent an den Führerscheinbesitzern entspricht. Und schon wäre die Schlussfolgerung falsch!

Ein interpretativer Bezug auf eine falsche Population gelang auch einem österreichischen Blatt unter der Überschrift „Millionen bei RTL-Urwaldspielchen", wo es heißt:

Deutschland blieb da wach: 5,48 Millionen Zuschauer wollten Montag um 23 Uhr auf RTL sehen, wie ‚leider nein'-Superstar Daniel Küblböck, seinen Kopf ins ‚Terroraquarium' steckte, und so den Kakerlaken Gelegenheit bot, über sein Gesicht zu spazieren.

Der Marktanteil der für die Werbung interessanten Zielgruppe der 14–49-jährigen erreichte bei den Nachbarn den atemberaubenden Wert von 48,9 %. Das bedeutet, dass bei einem Angebot von über 35 Sendern jeder 2. Deutsche das spätabendliche tolle Treiben verfolgte.

In Österreich sahen immerhin auch 166.000 zu.

Daniel Küblböck brach zwar die Dschungelprüfung ab und wurde dann von den Zuschauern durch das Telefon-Voting vor weiteren Unannehmlichkeiten bewahrt. An seiner Stelle musste die Moderatorin Caroline Beil in ein Strauß-Gehege. [28]

5,48 Mio. Zuseher blieben in Deutschland dafür wach! Die RTL-Show hatte aber auch in österreichischen Haushalten starken Zustrom. Ein Marktanteil von 48,9 Prozent unter den 14- bis 49-jährigen Deutschen bedeutet nun laut Definition des Marktanteils, dass unter jenen Deutschen (dieser Altersklasse), die um diese Uhrzeit noch ferngesehen haben, fast jeder Zweite „das spätabendliche tolle Treiben verfolgte" – von denen, die *ferngesehen* haben! Durch diese Bedingung bedeutet der angegebene Prozentsatz natürlich etwas ganz anderes. Da wird das Lesen des Zeitungsartikels zur Dschungelprüfung.

Auch bei wichtigen Themen kommen leider Fehler in diesem Zusammenhang vor. In der Onlineausgabe einer österreichischen Tageszeitung vom 26. September 2006 ist unter der Überschrift „Kein Blut schwuler Spender" Folgendes zu finden:

Der Blutengpass in heimischen Krankenhäusern ist behoben. Nach der dramatischen Unterversorgung mit Blutkonserven in den vergangenen Wochen sind die Blutbanken dank vieler spontaner Spender nun wieder flüssig. Damit nicht neuerlich Engpässe während der Urlaubszeit auftreten, schiebt das Rote Kreuz (ÖRK) weitere Spendeaktionen ein. Kommenden Mittwoch wird beispielsweise das Nordbuffett des Wiener Rathauses zur Zapfstation. ‚Blut spenden können alle gesunden Personen im Alter von 18 bis 65 Jahren', heißt es in der Ankündigung. Doch das stimmt so nicht. Homosexuelle Männer sind von vornherein ausgeschlossen. [...]

Auch die Weltgesundheitsorganisation (WHO) empfehle, Schwule vom Blutspenden auszuschließen. Die Formulierung sei international deklariert und nicht diskriminierend gemeint. Im kurzen und knappen Fragebogen müssten eben alle Risikofaktoren von vornherein ausgeschlossen werden können. [...]

Kritiker des Blutspendeverbotes für Schwule empören sich zudem über die Formulierung im Fragebogen: So stößt man beim verpflichtenden Ausfüllen auf die Frage, ob man dem Risiko einer HIV-Infektion ausgesetzt war. Gleich darauf werden als Beispiele ‚dauerndes Risikoverhalten wie gleichgeschlechtlicher Verkehr, Konsum harter Drogen, Prostitution oder Gefängnisaufenthalt‘ genannt. Allerdings: Im Vorjahr wurden 453 HIV-Neuinfektionen in Österreich festgestellt – 42 Prozent der Betroffenen infizierten sich bei heterosexuellem Verkehr und nur 28,6 Prozent bei homosexuellen Kontakten.

Für das ÖRK ist und bleibt ‚der Schutz der Blutempfänger das allerhöchste Ziel‘. Aufgrund zahlreicher Beschwerden und beinahe ‚wöchentlichen Diskussionen und intensiven Gesprächen‘ mit Homosexuellenbewegungen werde aber der Fragebogen überarbeitet. Das Blutspendeverbot für Schwule bleibe aber aufrecht. [29]

Der Bezeichnung der praktizierten Homosexualität als Risikoverhalten im Hinblick auf das Blutspenden wird von Kritikern des Blutspendeverbotes entgegengehalten, dass sich 42 Prozent der Neuinfizierten bei *hetero-*, dagegen aber nur 28,6 Prozent bei *homo*sexuellen Kontakten infiziert hätten. Der Rest von 29,4 Prozent hat sich nicht über sexuelle Kontakte infiziert. Da der Anteil der Homosexuellen in der Bevölkerung aber jedenfalls kleiner als ihr Anteil von $28{,}6 : (42 + 28{,}6) = 40{,}5$ Prozent unter den durch ihre sexuellen Kontakte Neuinfizierten ist, sind die Schwulen unter den Neuinfizierten überrepräsentiert. Die Argumentation der Kritiker verwechselt leider zwei bedingte Verteilungen miteinander. Für eine Aussage wie diese bräuchte man den Anteil der Neuinfizierten innerhalb der verschiedenen Gruppen (unter den Heterosexuellen, Schwulen, intravenös Drogenabhängigen etc.) und nicht den der verschiedenen Gruppen unter den Neuinfizierten. Aber auch bei so wichtigen Themen und gesellschaftlichen Anliegen, oder noch besser: *gerade* bei so wichtigen Themen und Anliegen, müssen die Statistiken korrekt interpretiert werden!

Solche falschen Schlüsse in bedingten Verteilungen werden in völlig unterschiedlichen Bereichen gezogen. Im folgenden Artikel wurde unter der Schlagzeile „Eine Milliarde Euro Sozialbetrug pro Jahr" aus einer wissenschaftlichen Studie für die österreichische Wirtschaftskammer über die Herkunft von sogenannten Sozialbetrügern in Österreich zitiert (die Anmerkung stammt aus dem Original):

> *Sozialbetrug werde zu drei Vierteln von Österreichern begangen [...] Ein Viertel entfalle auf Ausländer (die rund 12,5 Prozent der Bevölkerung ausmachen, Anm.). [...]*
>
> *Österreicher [...] wüssten besser Bescheid, wie sie den Sozialstaat ausnützen können. Nicht alle Ausländer seien lang genug in Österreich, um mögliche Lücken zu kennen [...]*
>
> *Unter Sozialbetrug fällt unter anderem, wenn jemand Arbeitslosengeld bezieht, obwohl er einen Job hat; sich als Alleinerzieher ausgibt, obwohl er es nicht ist; Zuschüsse für das Wohnen erhält, obwohl er sie nicht braucht; oder in Frühpension ist, obwohl er nicht krank ist. [30]*

Wenn ein Viertel des Gesamtsozialbetrugs von Ausländern begangen wird, aber nur ein Achtel der Bevölkerung Ausländer sind, dann können die angeführten Erklärungen, Österreicher wüssten besser Bescheid, die Ausländer wären nicht lange genug im Land, um mögliche Lücken zu kennen, nicht überzeugen. Warum der große Teil des Sozialbetrugs auf Österreicher entfällt, erklärt sich demnach schon aus dem Umstand, dass sie eine (noch größere) Mehrheit der Wohnbevölkerung darstellen. (Was würden Sie von einem Studienergebnis halten, das aussagt, dass von denjenigen europäischen Autofahrern, die nicht so heißen wie der Autor dieses Buches, die große Mehrheit aller Verkehrsunfälle verursacht werden und diese deshalb die schlechteren Autofahrer sein müssen?)

Tatsächlich sind die Inländer eine im Vergleich zu ihrem Bevölkerungsanteil *unter*proportionale Mehrheit beim Sozialbetrug, *obwohl* und nicht *weil* sie das Sozialsystem besser kennen. Die Ursache dafür könnte beispielsweise sein, dass sich die Sozialbetrugsanteile verschiedener Berufssparten unterscheiden und dass in Branchen, in denen dieses Verhalten üblicher ist, traditionell mehr Ausländer beschäftigt sind als in anderen Branchen.

Ein weiteres Beispiel für falsche Schlüsse in bedingten Verteilungen findet sich in der Onlineausgabe der gleichen Zeitung vom 13. Dezember 2012. Darin werden die Ergebnisse einer Studie eines Inkassounternehmens zum Thema säumige Schuldner unter der Schlagzeile „Junge und Männer sind schlechte Schuldner" folgendermaßen beschrieben:

Jung, männlich, Städter. Geht es um die Zahlungsmoral in Österreich, dann gehört diese Kategorie zu den gefürchtetsten. Denn junge Menschen, vor allem Männer, die in der Stadt leben, sind die größten Zahlungsmuffel.

Die ‚idealen' Schuldner sind hingegen älter, weiblich und leben am Land, wie eine Studie des IS Inkasso Service zeigt. Demnach sind 40 Prozent aller säumigen Schuldner jünger als 30 Jahre. [...] Pünktliches Zahlen werde für junge Leute immer weniger wichtig. Früher sei das eine ‚selbstverständliche Tugend' gewesen.

Die Zahlungsmoral steigt kontinuierlich mit dem Alter. Mit Abstand am besten zahlen die Über-60-Jährigen, geht aus den IS-Inkasso-Daten von 54.000 säumigen Schuldnern hervor. Ihr Anteil an Nichtzahlern liegt bei nur sieben Prozent. Knapp ein Viertel der säumigen Zahler ist zwischen 31 und 40 Jahre alt, 19 Prozent finden sich in der Altersklasse 41 bis 50 und jeder Zehnte ist zwischen 51 und 60 Jahre alt. [...]

Dass in Städten die Zahlungsmoral schlechter ist als am Land, liegt laut Inkasso Service an der ‚dort herrschenden Anonymität sowie an den zahlreichen Konsumangeboten und die damit verbundenen Versuchungen.'

Das IS Inkasso Service hat auch erhoben, dass Männer viel häufiger nicht zahlen als Frauen (61 gegenüber 39 Prozent).

Mit dem Sternzeichen hat die Zahlungsmoral übrigens nichts zu tun, die Untugend ist nahezu gleichmäßig verteilt. Die wenigsten säumigen Schuldner (sieben Prozent) gibt es bei den Schütze-Geborenen (23. November bis 21. Dezember). Auf alle anderen entfällt laut der Untersuchung ein Anteil von acht beziehungsweise neun Prozent. [31]

Was zeigt denn diese „Studie" nun wirklich? Die Fakten: 40 Prozent aller säumigen Schuldner sind unter 30 Jahre alt. Die Gruppe der über 60-Jährigen liegt bei nur 7 Prozent. Was weiß man jetzt? Nur das und sonst gar nichts! Denn daraus abzuleiten, dass die Kategorie der unter 30-Jährigen im Hinblick auf die Zahlungsmoral als am „gefürchtetsten" zu bezeichnen ist, ist Unsinn. Man müsste diese Prozentzahlen unbedingt noch mit den Anteilen der jeweiligen Alterskategorien unter allen Schuldnern vergleichen. Gehören nämlich unter allen Schuldnern z. B. 50 Prozent der jungen Alterskategorie an (weil man sich in diesem Alter vergleichsweise wenig leisten kann und viel haben will) und unter den säumigen Schuldnern sind es nur 40 Prozent, dann würde dies doch tatsächlich heißen, dass die jungen Schuldner unter den Säumigen sogar unterrepräsentiert wären. „Junge Schuldner sind gute Schuldner" wäre dann die korrekte Überschrift zu den gefundenen Ergebnissen gewesen.

Dass „Männer viel häufiger nicht zahlen als Frauen" lässt sich mit den angegebenen Zahlen ebenfalls nicht belegen! Unter den Säumigen sind nur mehr Männer als Frauen! Vermutlich sind ja auch unter allen Schuldnern mehr Männer als Frauen zu finden.

Wenngleich Prozentzahlen die Lösungen einfachster Verhältnisgleichungen sind, zeigt es sich zusammenfassend, dass immer wieder Fehler bei deren Berechnung und Interpretation gemacht werden. Besondere Sorgfalt ist offenbar gerade *wegen* ihrer Einfachheit von Nöten. Ein solches Bemühen kann dem folgenden kritischen Kommentar mit dem Titel „Fass ohne Boden" aus einer oberösterreichischen Gratiswochenzeitung mit einer Gesamtauflage von fast 1 Mio. Exemplaren leider nicht entnommen werden:

Immer mehr Österreicher kommen in den ‚zweifelhaften Genuss' des höchsten Steuersatzes von 50 Prozent, da die stille Progression immer massiver zuschlägt. Gönnt man sich um die restlichen 50 Prozent etwas, fallen meist 20 Prozent Mehrwertsteuer an. Wo bleibt eigentlich dabei der Mehrwert, wenn man für 100 Prozent Erschuftetes nur 30 Prozent Kaufkraft erhält? Schlechter schaut die Bilanz aus, wenn man sich ein Auto kauft oder damit tanken fährt, denn dann schlagen Nova

[NoVA = Normverbrauchsabgabe, d. h. eine Abgabe, die fällig wird, wenn ein Pkw zum ersten Mal zum Verkehr zugelassen wird; Anm. des Verf.] und Mineralölsteuer noch einmal kräftig zu. Bei dieser Rechnung ist noch nicht berücksichtigt, dass die Arbeitgeber auch noch Lohnnebenkosten zahlen. Warum muss sein, dass wir alle den Großteil unserer Mühen in die Mühlen des Staatsapparates werfen? Was erhalten wir dafür? Ein Bildungssystem, wo am Ende längst nicht mehr alle im Bilde sind, Straßen, die auch schon einmal öfter repariert wurden, ein Gesundheitssystem, das selber kränkelt, ein Pensionssystem, das die Pensionen immer später, dafür nicht mehr so üppig zahlen kann. Jeder Gebäudeeigentümer weiß, dass ständiges Flicken irgendwann teurer ist als ein Neubau. Für unser Verwaltungssystem dürfte dieser Zeitpunkt längst erreicht sein. Warum viel Geld weiter in ein Fass ohne Boden leeren, statt endlich ein neues effizientes System starten? [32]

Hierin wird auf publikumswirksame Weise behauptet, dass Erwerbstätige, die in die höchste österreichische Steuerklasse mit dem Steuersatz von 50 Prozent fallen, für den Ankauf einer Ware, die dem Verkäufer ganze 30 € einbringt (bei ausschließlicher Berücksichtigung von Lohn- und Mehrwertsteuer) 100 € verdienen müssen. Diese Behauptung schlägt dem Fass wirklich den Boden aus. Und das aus folgenden Gründen, die ich zur Verdeutlichung hier einmal sehr ausführlich darstellen werde:

1. Wenn man mit seinem Bruttojahreseinkommen in die höchste Steuerklasse fällt, dann bedeutet das *nicht*, dass 50 Prozent des Gesamtbruttojahreseinkommens als Lohnsteuer zu bezahlen sind! Derzeit (Stand 2014) gilt in Österreich, dass die ersten 11.000 € des Bruttojahresein-

kommens gänzlich steuerfrei sind. Verdient man mehr als 11.000 €, dann sind von jenem Betrag des Einkommens, der zwischen 11.000 und 25.000 € liegt, 36,5 Prozent Steuern abzuführen. Verdient man mehr als 25.000 €, werden von dem Teil, der zwischen 25.000 und 60.000 € liegt, exakt 43,2143 Prozent Steuern erhoben. Nur von jenem Teil, der 60.000 € übersteigt, wird tatsächlich die Hälfte eingefordert. Das bedeutet, dass jemand, der z. B. jährlich 70.000 € brutto verdient und deshalb „in den zweifelhaften Genuss des höchsten Steuersatzes von 50 Prozent" kommt, von den ersten 11.000 € dieser 70.000 € tatsächlich überhaupt keine Steuern abführen muss. Bei den nächsten 14.000 € des Einkommens sind $14.000 \cdot 0{,}365 = 5.110$ € Steuern zu bezahlen und bei den nächsten 35.000 € mit $35.000 \cdot 0{,}432143 = 15.125$ €. Schließlich wird nur von jenen 10.000 €, die die Grenze von 60.000 € überschreiten, tatsächlich die Hälfte, das sind 5.000 €, durch den Fiskus abgezogen. Das ergibt bei 70.000 € Einkommen einen Gesamtlohnsteuerbetrag von $5.110 + 15.125 + 5.000 = 25.235$ €. Dies sind „nur" 36,05 Prozent und nicht 50 Prozent von 70.000 €. (In Deutschland oder vor allem in der Schweiz mit diversen regionalen Besonderheiten gelten teilweise erheblich andere Regeln, aber im Großen und Ganzen nach ähnlichen Prinzipen; vgl. dazu etwa die entsprechenden Wikipedia-Artikel zum Stichwort „Einkommenssteuer")

2. Gönnt man sich nun „um die restlichen 50 Prozent" (in Wahrheit sind es bei dem oben angenommenen Bruttojahresgehalt also 63,95 Prozent) etwas, dann muss man auch noch die 20 %ige österreichische Mehrwertsteuer im Kaufpreis mitberappen. (Apropos „Rappen": In der

Schweiz ist dieser Steuersatz viel niedriger.) Aber selbst wenn tatsächlich nur 50 Prozent übrig blieben, dürfte man *nicht* einfach 20 Prozentpunkte davon abziehen, um die „Kaufkraft" von 100 ursprünglich verdienten Euros zu dokumentieren. Dieser „Logik" folgend (das griechische Wort *logos* bedeutet übrigens „Vernunft") müsste das doch bedeuten, dass bei einem Mehrwertsteuersatz von 50 Prozent (Anmerkung an unsere Regierung: Das ist nur ein Beispiel und kein Vorschlag!) die Kaufkraft von 100 verdienten Euros von jemandem, der in den Genuss der höchsten Steuerklasse kommt, ganz auf null sinken würde. Und bei einer 60 %igen Mehrwertsteuer? Wir nähern uns dem Absurden … Wenn man die 20 %ige Mehrwertsteuer schon auf diese Weise (und dies ist auch noch falsch; s. Punkt 3) in die Beschreibung miteinbezieht, dann müsste man 20 Prozent von 50 Prozent – und das sind von den ursprünglichen 100 Prozent $0{,}2 \cdot 50 = 10$ Prozent – abziehen. Dabei blieben dann noch 40 Prozent „Kaufkraft" und nicht nur 30 Prozent übrig! Aber selbst das ist Unsinn, denn:

3. Ein Mehrwertsteuersatz von 20 Prozent bedeutet nämlich eben *nicht*, dass (selbst richtig berechnete) 20 Prozent vom endgültigen Verkaufspreis als Mehrwertsteuer *ab*zuführen sind. Vielmehr bedeutet dieser Steuersatz, dass auf einen Warenpreis ohne Steuer 20 Prozent *auf*zuschlagen sind. Und das ist wieder etwas völlig anderes! Beträgt dieser steuerlose Warenpreis beispielsweise 40 €, dann kostet die Ware tatsächlich um $0{,}2 \cdot 40 = 8$ € mehr, also 48 €. Aber 20 Prozent von 48 € sind $0{,}2 \cdot 48 = 9{,}60$ €. Es kommt eben wie so oft im Leben auf die Perspektive der Betrachtung an. Vom endgültigen Warenpreis (48 €)

aus betrachtet ist der Mehrwertsteuerbetrag daher nicht wie im Artikel unterstellt 20 Prozent, sondern ein Sechstel (16,67 Prozent).

Das angesprochene „Fass ohne Boden" entpuppt sich demnach bei korrekter Rechnung als bei Weitem nicht *so* löchrig wie beschrieben. Jemand, der 70.000 € brutto im Jahr verdient und somit in die höchste Lohnsteuerklasse fällt, erhält für verdiente 100 €, die nach Lohnsteuer noch immer $100 \cdot 0,635 = 63,95$ verfügbare Euros sind, eine Ware, die abzüglich des „Mehrwertsteuersechstels" in der Höhe von $63,95 : 6 = 10,66$ € dem Verkäufer tatsächlich $63,95 - 10,66 = 53,29$ € einbringen. Das bedeutet also, dass „man für 100 Prozent Erschuftetes" nicht nur die behaupteten 30 Prozent, sondern immerhin über 53 Prozent „Kaufkraft erhält".

Die zugegebenermaßen ebenso kritische Frage sei erlaubt: Wo bleibt eigentlich beim Lesen solcher Artikel der Mehrwert, wenn man für 100 Prozent „Erlesenes" (außer Polemik, die vielleicht durchaus berechtigt erscheint) 0 Pozent korrekte Information erhält?

Den Abschluss dieses Kapitels über Prozentangaben bildet eine erstaunliche Unachtsamkeit einer oberösterreichischen Tageszeitung in einem Artikel zu den Statistiken der Statistik Austria bezüglich der Haushaltsgrößen in Österreich mit der Schlagzeile „In Linz gibt es die meisten Single-Haushalte Österreichs", und darunter steht: „Die Zahl der „Einpersonenhaushalte" beträgt in Linz mittlerweise 52,5 Prozent".

Oberösterreichs Landeshauptstadt ist im Österreich-Vergleich die Stadt mit den allermeisten Einpersonenhaushalten. 52,5

Prozent der Linzer leben allein in einer Wohnung. ‚Das liegt daran, dass in Linz viele Menschen leben, die älter als 65 Jahre sind. Viele ältere Menschen, besonders Frauen, leben allein. Ab dem 80. Lebensjahr sind das fast zwei Drittel' sagt Manuela Lenk, Bereichsleiterin Registerzählung von der Statistik Austria. Der Trend zum Allein-Wohnen ist übrigens vor allem ein Phänomen der großen Städte. Der Anteil der Einpersonen-Haushalte beträgt in Steyr 44 und in Wels 39,7 Prozent, während er beispielsweise in den Bezirken Perg bei 25,2 Prozent und Freistadt bei 25,3 liegt. [33]

Das ist schon ein ungewöhnlicher Prozentsatz, den die Statistik Austria hinsichtlich des Anteils der Einpersonenhaushalte in Linz zu vermelden hat: 52,5 Prozent aller Haushalte in Linz sind (zumindest offiziell) Einpersonenhaushalte. Wohlgemerkt: aller *Haushalte*! Im Zeitungsartikel wird daraus geschlossen, dass 52,5 Prozent der Linzer allein in einer Wohnung leben. Kann es sein, dass mehr als die Hälfte der Linzer Bevölkerung alleine lebt, nur weil mehr als die Hälfte aller Linzer Haushalte Singlehaushalte sind? Eine Stadt in Isolation?

Stellen wir uns also die Gesamtheit aller über 90.000 Haushalte in Linz zur Veranschaulichung als 100 Haushalte vor (Abb. 2.12). Auf ganze Prozentzahlen gerundete 53 Prozent sind – wie erhoben wurde – Einpersonenhaushalte (weiße Kreise). Der Rest sind Haushalte mit mindestens zwei Bewohnern.

Rechnen wir diese Angabe auf Personen um: In unseren 100 Haushalten leben 53 Personen in (weißen) Einpersonenhaushalten. Im Rest der 47 (nichtweißen) Haushalte wohnen dann mindestens $47 \cdot 2 = 94$ Personen. Diese Zahl wäre allerdings nur richtig, wenn es sich dabei ausschließ-

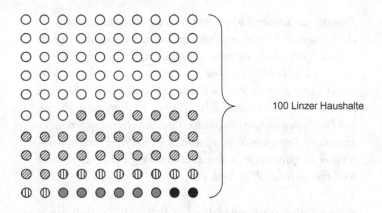

Abb. 2.12 Veranschaulichung des Unterschieds von Haushalten und Personen

lich um Zweipersonenhaushalte handeln würde. Tatsächlich leben in diesen 47 Linzer Mehrpersonenhaushalten aber natürlich viel mehr als nur 94 Personen. Nehmen wir einmal folgende Aufteilung der Haushalte an:

- 53 Prozent Einpersonenhaushalte (weiß) = 53 Personen
- 29 Prozent Zweipersonenhalte (schräg schraffiert) = 58 Personen
- 10 Prozent Dreipersonenhaushalte (senkrecht schraffiert) = 30 Personen
- 6 Prozent Vierpersonenhaushalte (grau) = 24 Personen
- 2 Prozent Fünf-oder-mehr-Personenhaushalte (schwarz) = mindestens 10 Personen

In Summe leben in allen 100 Haushalten mindestens 53 + 58 + 30 + 24 + 10 = 175 Personen. Unter diesen mindestens 175 Personen leben genau 53 in Einpersonenhaushalten. Das ergibt dann aber höchstens auf ganze Zahlen gerundete $53:175 \cdot 100 = 30$ Prozent und nicht die behaupteten 53 Prozent aller Personen! Bei einer Einwohnerzahl in Linz von ungefähr 200.000 Menschen ist das ein Unterschied von rund 46.000 Personen, die doch nicht – wie behauptet – in Einpersonenhaushalten, sondern in größeren Haushaltsverbänden leben!

Quellen (Zugriff: 31. Juli 2014)

1. „Der Standard", 27. Dezember 2013, S. 9
2. „Kronen Zeitung", 23. Mai 2010, S. 10
3. Eingescanntes Original zu finden auf: http://www.jku.at/ifas/content/e101235/e101329/e241279/101Prozentzufriedene-KundenMai2014.pdf
4. http://www.hrs.de/hotels/de/kroatien/savudrija-buje/kempinski-adriatic-istria-croatia-401001.html
5. „Der Standard", 26. Januar 2013, S. 34
6. „Die Welt", 15. September 2003 (eingescanntes Original zu finden auf: http://www.jku.at/ifas/content/e101235/e101329/e106955/prozentangaben11.pdf)
7. „Kronen Zeitung", 13. Dezember 1998, S. 25
8. „Kronen Zeitung", 30. März 2008, S. 7
9. „Oberösterreichische Nachrichten", 5. März 1996 (eingescanntes Original zu finden auf: http://www.jku.at/ifas/content/e101235/e101329/e106952/prozentangaben8.pdf)
10. http://www.bild.de/geld/wirtschaft/inflation/niedriger-anstieg-der-verbraucher-preise-hilfe-alles-wird-billiger-35469630.bild.html
11. „Oberösterreichische Nachrichten", 31. Oktober 2006, S. 25
12. „Oberösterreichische Rundschau", 9. Mai 2004 (eingescanntes Original zu finden auf: http://www.jku.at/ifas/content/e101235/e101329/e106950/prozentangaben6.pdf)

13. Aus dem Teletext des ORF (Österreichischer Rundfunk), 17. August 2004, S. 102 (siehe dazu: http://www.jku.at/ifas/content/e101235/e101329/e106947/prozentangaben2.pdf)

14. http://www.bild.de/sport/fussball/andre-hahn/1566-prozentmehr-gehalt-35484538.bild.html

15. „Kronen Zeitung", 8. Dezember 2006, S. 1

16. „Der Standard", 10. März 2014, S. 1

17. Aus dem Teletext des ORF (Österreichischer Rundfunk), 10. März 2013, S. 115 (siehe dazu: http://www.jku.at/ifas/content/e101235/e101329/e199990/FPKKrnten-28oderdoch62ProzentverlorenMrz2013.pdf)

18. „Hallo Oberösterreich", Februar 2008, S. 13

19. „Neue", 21. November 2008, S. 5

20. „Oberösterreichische Nachrichten", 28. September 1995 (eingescanntes Original zu finden auf: http://www.jku.at/ifas/content/e101235/e101329/e106949/prozentangaben5.pdf)

21. „Kronen Zeitung", 5. November 2006, S. 49

22. „Neues Volksblatt", 11. Juni 1997 (eingescanntes Original zu finden auf: http://www.jku.at/ifas/content/e101235/e101333/e106997/bedingteverteilung6.pdf)

23. „Kronen Zeitung", 15. Juli 2000, S. 32

24. „Der Standard", 8. Mai 1992, S. 6

25. http://ooe.orf.at/news/stories/2504843

26. Aus dem Teletext des ORF (Österreichischer Rundfunk), 23. Dezember 2009, S. 102 (siehe dazu: http://www.jku.at/ifas/content/e101235/e101329/e106962/WenigerAlkolenkerodernurwenigerProzentDezember2009.pdf)

27. http://www.sueddeutsche.de/auto/statistische-erhebung-frauen-fahren-sicherer-auto-1.559485

28. „Kronen Zeitung", 14. Januar 2004 (eingescanntes Original zu finden auf: http://www.jku.at/ifas/content/e101235/e101329/e106954/prozentangaben10.pdf)

29. http://derstandard.at/2541468

30. „Der Standard", 19. März 2013, S. 15
31. http://derstandard.at/1353209012366/Junge-und-Maenner-
    sind-schlechte-Schuldner
32. „OÖN-Tips", 14. Mai 2014, S. 3
33. „Oberösterreichische Nachrichten", 5. November 2013, S. 16

Literatur

Quatember A (2014) Statistik ohne Angst vor Formeln. 4. Aufl.
    Pearson Studium, München
Stermann D (2010) 6 Österreicher unter den ersten 5. Ullstein,
    Berlin

3
Ein Bild sagt mehr als tausend Worte

Prozentangaben dienen dem Zweck einer besseren Veranschaulichung der erhobenen Daten. Grafische Darstellungen verfolgen diese Aufgabe geradezu im wörtlichen Sinn. Beispielsweise sollen sie beim Durchblättern von Zeitungen quasi „im Vorübergehen" einen unmittelbaren Eindruck von den Ergebnissen statistischer Erhebungen vermitteln. Demnach wäre es also wichtig, dass dieser Eindruck korrekt ist. In diesem Kapitel werden Grafiken präsentiert und kommentiert, die sich nicht an die sich aus der beschriebenen Aufgabenstellung ergebenden Regeln für korrekte Grafiken halten (Box 3.1).

Betrachten wir als Erstes das in Abb. 3.1a präsentierte Säulendiagramm in Zeitungsstapelform, abgedruckt in einer österreichischen Tageszeitung [1]. Werden die Proportionen (hier: der verbreiteten Auflage von Tageszeitungen in Wien) nicht richtig darstellt, so sollte man ganz auf die grafische Darstellung verzichten – es sei denn, man möchte gar nicht, dass die Verhältnisse korrekt wahrgenommen werden! Bei der verbreiteten Auflage der führenden Tageszeitungen in Abb. 3.1a entspricht der Unterschied der

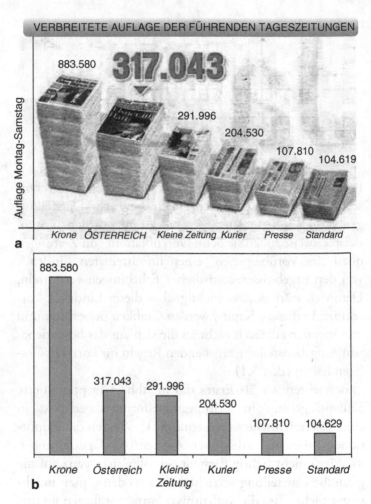

Abb. 3.1 Unproportionale Zeitungsstapel (**a**) [1], korrekter Auflagenvergleich (**b**)

Höhen der Zeitungsstöße zwischen dem dritten Stapel von links (*Kleine Zeitung*) und dem zweiten (*Österreich*) etwa jenem zwischen dem zweiten (*Österreich*) und dem ersten (*Krone*). Dabei handelt es sich nach rechts um einen Abstand von nur ca. 25.000, während der nach links einem von über 566.000 Exemplaren, also gut und gerne dem 23-fachen, entspricht. Aber vielleicht sind ja auch nur die Zeitungen unterschiedlich dick …

Vergleichen Sie das mit den richtigen Proportionen im korrekten Säulendiagramm von Abb. 3.1b.

3.1 Grafische Darstellungen

Grafische Darstellungen oder Schaubilder in der Statistik dienen dem Zweck, die wesentlichen Informationen über erhobene Daten möglichst auf einem Blick zu vermitteln. Sie haben also die Aufgabe, z. B. Zeitungslesern gleichsam „im Vorüberlesen" Informationen im wahrsten Sinne des Wortes „vor Augen zu führen". Für die genauere Beschreibung der Daten kann man diese zusätzlich noch in Tabellen- und Textform präsentieren. Um dieser Aufgabe gerecht werden zu können, wird beispielsweise in Kreis- und Säulendiagrammen ausgenutzt, dass wir es von Kindheit an (manchmal schmerzlich) üben, Proportionen von Objekten zueinander korrekt wahrzunehmen. Für diesen Zweck müssen die Proportionen in den Diagrammen selbstverständlich der Wahrheit entsprechen. Ist das nicht der Fall, dann wird aus einer „Wahr-Nehmung" unausweichlich eine „Falsch-Nehmung" der Fakten (vgl. z. B. Quatember 2014, Abschn. 1.2.1).

Thema der Darstellung ist z. B. die Häufigkeitsverteilung eines interessierenden Merkmals wie jene von bei einer Wahl antretenden Parteien. Diese gibt an, wie häufig die unterschiedlichen Parteien bei der Wahl auf den Stimmzetteln angekreuzt wurden. In Säulendiagrammen

(Balken- oder Stabdiagrammen) werden die unterschiedlichen Häufigkeiten durch die Höhen der einzelnen Säulen dargestellt. Aufgetragen werden dazu nach oben zumeist die Prozentzahlen der einzelnen Alternativen. In Kreisdiagrammen (Tortendiagrammen) erfolgt die Abbildung der Häufigkeiten durch die Größe der einzelnen Kreissegmente. Auch hierin werden zumeist die Prozentzahlen als zusätzliche Information angegeben.

In Abb. 3.2 werden die Verhältnisse der vier verschiedenen Parteien, die bei einer bestimmten Wahl 30 Prozent, 15 Prozent, 10 Prozent bzw. 45 Prozent der Stimmen erhielten, auf einen Blick vermittelt.

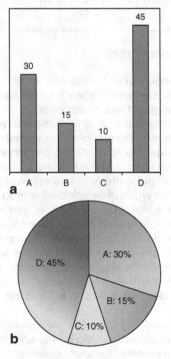

Abb. 3.2   Veranschaulichung der wesentlichsten Informationen durch Säulendiagramm (**a**) und Kreisdiagramm (**b**)

Einen völlig anderen Zweck verfolgen grafische Darstellungen, die eine zeitliche Entwicklung, also einen Trend, möglichst auf einen Blick vermitteln sollen. Doch auch dabei ist grundsätzlich auf die Proportionalität der zeitlich aufeinanderfolgenden Daten zu achten. Will man aber auf die langen Säulen verzichten und tatsächlich nur den *Unterschied* der Ergebnisse thematisieren wie bei einem Aktienkurs- oder Fieberkurvenverlauf, so muss man den Leser auf die Verkürzung der Säulen und die damit verbundene absichtliche Abkehr von der Proportionalität z. B. durch eine Unterbrechung der y-Achse aufmerksam machen.

Auf ähnlich verzerrende Weise wie beim oben beschriebenen Zeitungsauflagenvergleich wurde am 14. April 2013 im venezolanischen Fernsehen eine Hochrechnung des Ausgangs der dortigen Präsidentschaftswahlen präsentiert (Abb. 3.3a; [2]). So stellt man sich „objektive Berichterstattung" in einem echten Staatsrundfunk vor. Man könnte natürlich einwenden, dass die Zahlen korrekt waren. Das schon! Aber eben nicht die Grafik. Sobald man sich eines solchen Diagramms bedient, müssen die Proportionen der Höhen der Säulen mit jenen der Prozentzahlen übereinstimmen. Sonst endet eine solche Wahl visuell mit einem „Erdrutschsieg" des Nachfolgers des verstorbenen Präsidenten. Tatsächlich sah es aber zwischen den beiden Hauptkontrahenten, wie Abb. 3.3b zeigt, doch eher knapp aus. (Die Summe der beiden Kontrahenten ergibt übrigens deshalb nicht 100, weil es noch vier weitere Kandidaten mit ganz geringen Stimmenanteilen gab.)

Das Wahlergebnis der österreichischen Bundespräsidentenwahl 2010 wurde am 25. April 2010 auf der Internetseite eines österreichischen Radiosenders in Form einer Grafik eines sozialwissenschaftlichen Instituts präsentiert (Abb. 3.4; [3]).

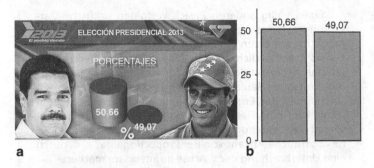

a b

Abb. 3.3 Ein optisch klares (**a** [2]) und das tatsächlich knappe Wahlergebnis (**b**)

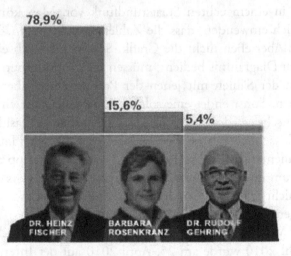

BUNDESPRÄSIDENTINNENWAHL 2010
Vorläufiges Endergebnis

WAHLBETEILIGUNG 49,2%

78,9%

15,6%

5,4%

DR. HEINZ FISCHER BARBARA ROSENKRANZ DR. RUDOLF GEHRING

Abb. 3.4 Ein grafisch knapper, aber tatsächlich klarer Erfolg [3]

Hier unterstelle ich lediglich eine „unglückliche Hand" bei der künstlerischen Gestaltung des Säulendiagramms. Dass man die Konterfeis der drei Kandidaten mit denselben Farben wie die Säulen selbst unterlegt, verlängert die Säulen optisch. Sie scheinen schon am unteren Rand der Grafik zu beginnen, und dies verzerrt das tatsächliche Wahlergebnis in Richtung kleinerer Abstände. So erhielt der amtierende Präsident Fischer tatsächlich ca. fünfmal so viele Stimmen wie die zweitplatzierte Kandidatin und diese wiederum ca. dreimal so viele wie der drittplatzierte Bewerber. Diesen Eindruck erhält man anhand der scheinbar ganz unten und nicht erst bei der Linie über den Köpfen beginnenden Säulen in Abb. 3.4 nicht.

Wenden wir uns jetzt verunglückten Kreisdiagrammen zu. Kurios ist der Ring (Abb. 3.5) aus einer 14-tägig erscheinenden Gratiszeitschrift [4], weil eigentlich alles richtig beschriftet ist und die Grafik dennoch ihren Zweck nicht erfüllt.

Auch Kreisdiagramme sollen die wesentlichen Informationen möglichst auf einen Blick und korrekt vermitteln. Dafür müssen die Proportionen natürlich richtig abgebildet werden. Der Teil „Staatliche Wiedergutmachung" (beziffert mit 44,2 Mio. €) ist größer dargestellt als jener für „Miete und Pacht" (52,3 Mio. €), sodass man visuell falsch informiert wird über die Herkunft des Kirchenbudgets. (Mit den gegebenen Zahlen stammen außerdem gerundete 81 Prozent aus den Kirchenbeiträgen. Es ist allerdings möglich, dass sich bei Verwendung der ungerundeten exakten Beträge der angegebene Anteil von 80 Prozent ergibt.)

Einen völlig anderen Zweck verfolgen grafische Darstellungen, die eine zeitliche Entwicklung, also einen Trend,

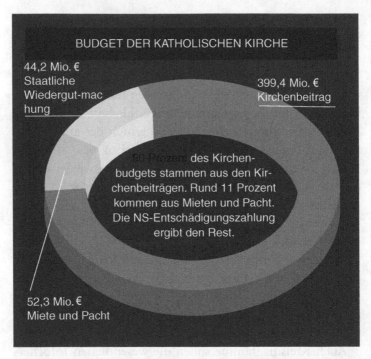

BUDGET DER KATHOLISCHEN KIRCHE

44,2 Mio. €
Staatliche
Wiedergut-mac
hung

399,4 Mio. €
Kirchenbeitrag

80 Prozent des Kirchen-
budgets stammen aus den Kirchenbeiträgen. Rund 11 Prozent
kommen aus Mieten und Pacht.
Die NS-Entschädigungszahlung
ergibt den Rest.

52,3 Mio. €
Miete und Pacht

Abb. 3.5   Unkanonische grafische Aufteilung des Kirchenbudgets
[4]

möglichst auf einen Blick vermitteln sollen. Betrachten wir
dazu die Grafik in Abb. 3.6a, die einem Gratiswochenend-
magazin entnommen ist [5]. Hier geht die Freude über die
Zunahme der Reichweite aber wohl „etwas" mit den Maga-
zinmachern durch, denn sie machen aus dem Vergleich der
diesbezüglichen Ergebnisse zu zwei unterschiedlichen Zeit-
punkten visuell einen Trend. Hinzu kommt, dass der Zuwachs ungesichert ist, denn bei der „Mediaanalyse" handelt
es sich um eine Stichprobenerhebung der Reichweiten verschiedener Medien, und somit wäre auch die Schwankung

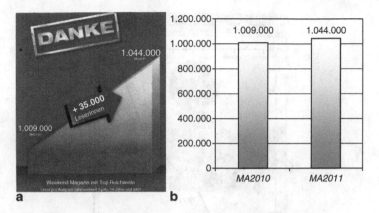

Abb. 3.6 Visuelle Vervielfachung der Leserschaft (**a** [5]). Tatsächliche Entwicklung der Leserschaft (**b**) (*MA* Mediananalyse)

der Stichprobenergebnisse zu berücksichtigen. Aber das ist ein anderes Thema, auf das wir in Kap. 5 zurückkommen werden. In den korrekten Proportionen stellt sich die Reichweitenentwicklung – diesmal in einem Säulendiagramm veranschaulicht – weit weniger spektakulär dar (Abb. 3.6b). Will man auf die langen Säulen verzichten und tatsächlich nur den Unterschied der Ergebnisse thematisieren wie bei einem Aktienkurs- oder Fieberkurvenverlauf, so muss man den Leser auf die Verkürzung der Säulen und die damit verbundene absichtliche Abkehr von der Proportionalität z. B. durch eine Unterbrechung der y-Achse aufmerksam machen.

Auch die Tageszeitung in Abb. 3.7a übertreibt ihren „Höhenflug" bei den täglich in Österreich verkauften Exemplaren zwischen den Jahren 1995 bis 2000 etwas [6]. In dieser Darstellung stimmen die Proportionen der verkauften Exemplare im Zeitverlauf nicht! Der Betrachter muss erst auf der y-Achse nachlesen, um die korrekten Zahlen abschät-

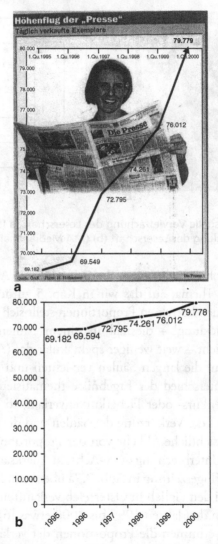

Abb. 3.7 Übertreibender „Höhenflug" (**a** [6]) und realer „moderater" Anstieg (**b**)

Abb. 3.8 Verzicht auf die korrekte Darstellung der Proportionen ohne diesbezüglichen Hinweis [7]

zen zu können und festzustellen, dass die y-Achse nicht bei 0, sondern erst bei 70.000 beginnt. Der falsche visuelle Eindruck der Proportionen lässt sich durch das Nachlesen der Zahlen jedoch nicht korrigieren. Es ist genau dieser Eindruck, der beim Betrachter „hängen" bleibt. Dadurch wird der „Höhenflug der Presse" zu einem gigantischen Anstieg. In Abb. 3.7b sind die wahren Verhältnisse dargestellt. Will man den falschen Eindruck vermeiden, darf an der y-Achse nicht in dieser Weise manipuliert werden – *wenn* man diesen falschen Eindruck vermeiden möchte, wie gesagt.

Dieselbe Problematik liegt auch der Grafik in Abb. 3.8 zugrunde [7]. In dieser Darstellung stimmen die Proportionen der Lehrlingszahlen im Zeitverlauf natürlich nicht.

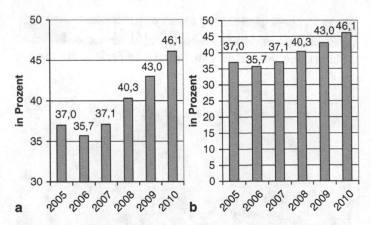

Abb. 3.9 Studienanfängerquote in Deutschland. Ministerielle Verdreifachung der Studienanfängerquote (a [8]). Korrigierte Darstellung (b)

Die y-Achse beginnt nicht bei null, sondern bei ca. 37.000, wodurch ein falscher visueller Eindruck vermittelt wird. (Skizzieren Sie die richtigen Verhältnisse einmal selbst.) Der Rückgang der Lehrlingszahlen 2009 wegen der Finanzkrise wird zu einem Fall der Lehrlinge fast ins Bodenlose. Wenn hier allerdings tatsächlich die Unterschiede von einem Jahr zum nächsten und nicht die absoluten Zahlen der Lehrlinge im Mittelpunkt der Betrachtungen stünden, dann wäre diese verzerrte Darstellungsform gerechtfertigt, sofern die Verkürzung der y-Achse z. B. durch einen Doppelstrich als sichtbarer Hinweis gekennzeichnet würde (Box 2.1).

Auch bei der Grafik der Zeitreihe der Studienanfängerquoten in Deutschland (Abb. 3.9a), im Original gefunden in einer Anzeige des deutschen Bundesministeriums für Bildung und Forschung in einer Beilage zu einer deutschen Wochenzeitung [8], stimmen die Proportionen nicht.

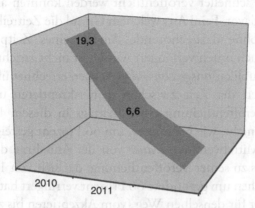

66% Faster Publication

Graph:Decrease in weeks to publication

19,3

6,6

2010

2011

Abb. 3.10 Nicht 66 Prozent schneller, sondern dreimal so schnell! [9]

Die y-Achse beginnt in der nachgezeichneten Grafik in Abb. 3.9a nicht bei null, sondern bei 30 Prozent. Somit wird ein komplett falscher Eindruck vermittelt, der die Erhöhung dieser Quote z. B. vom niedrigsten Wert im Jahr 2006 bis zum letzten im Jahr 2010 visuell beinahe zu einer Verdreifachung macht, obwohl sich die Quote tatsächlich gerade einmal um weniger als ein Drittel von 35,7 Prozent auf 46,1 Prozent erhöht hat. In Abb. 3.9b sind die wahren Verhältnisse dargestellt.

Die Grafik in Abb. 3.10 scheint eine Entwicklung über drei Zeitpunkte hinweg darzustellen. Sie diente im Original als Werbung für ein angesehenes wissenschaftliches (!) Statistik-Journal [9]. Im Jahr 2010 lag bei dieser Zeitschrift der Mittelwert der Zeit zwischen dem Akzeptieren eines wissenschaftlichen Artikels und seiner Veröffentlichung noch bei 19,3 Wochen. Im Jahr darauf betrug er nur mehr 6,6 Wochen. Das heißt, dass angenommene wissenschaftliche Aufsätze schneller veröffentlicht werden konnten als noch im Jahr davor. Fein! Aus welchem Grund die Zeitreihe nach rechts, ohne dazugehörende Angabe eines Zeitpunktes, weiter nach unten verlängert wurde, ist nicht ersichtlich.

Die Publikations*geschwindigkeit* aber, errechnet über den Mittelwert der Zeit zwischen dem Akzeptieren und der Onlineveröffentlichung eines Beitrags in diesem Journal, hat sich nicht, wie behauptet, um 66 Prozent gesteigert! Es ist der Mittelwert der *Dauer* von der Annahme des Aufsatzes bis zu seiner Veröffentlichung, der sich von 19,3 auf 6,6 Wochen um gerundete 66 Prozent verringert hat. Wenn man aber für denselben Weg (vom Akzeptieren bis zur Veröffentlichung) zuerst 19,3 Wochen und dann 6,6 Wochen benötigt, dann hat sich die Publikations*geschwindigkeit* sogar annähernd verdreifacht, d. h., die Überschrift müsste „Three Times Faster Publication" lauten!

Bei solchen grafischen Darstellungen müssen natürlich neben der korrekten Darstellung der Proportionen auch andere bestehende Konventionen eingehalten werden, damit sie ihre Aufgabe erfüllen können. Die Säulenproportionen des Säulendiagramms in Abb. 3.11 stimmen wieder nicht mit den wahren Verhältnissen überein, weil die y-Achse erst bei 40 Prozent beginnt [10]. Wozu wählt man dann aber eine grafische Darstellung? Eine der angesprochenen zusätzlich einzuhaltenden Konventionen ist z. B., dass eine Zeitachse von links nach rechts laufen muss, wie wir das auch von Aktienkurs-, Temperatur- oder Einwohnerzahlverläufen gewohnt sind. In der Grafik in Abb. 3.11 erhält man bei dieser Betrachtung zuallererst den unserer Kenntnis

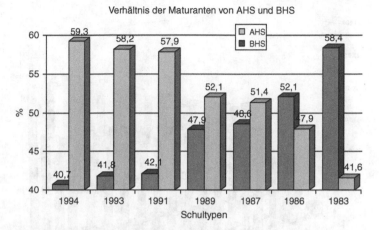

Verhältnis der Maturanten von AHS und BHS

Abb. 3.11   Grafische Darstellungen: Die Zeitachse sollte laut Konvention von links nach rechts laufen [10]

der wahren Verhältnisse widersprechenden Eindruck, dass der Anteil an AHS-Abiturienten (AHS = allgemeinbildende höhere Schulen) im Vergleich zu BHS-Abiturienten (BHS = berufsbildende höhere Schulen) im Zeitverlauf (also von links nach rechts) steigt. Dieser Eindruck ist aber falsch, weil man diese sehr spezielle Grafik tatsächlich von rechts (1983) nach links (1994) lesen muss, damit man den korrekten Eindruck des Trends hin zur BHS erhält. Da kann man nur hoffen, dass die Leserinnen und Leser dies bemerken, bevor sie nach dem ersten Eindruck weiterblättern.

Nun aber nähern wir uns dem absoluten Höhepunkt an geradezu überschäumender Kreativität. Dieser stammt aus einem Studienführer der Universität Linz, in dem die in Abb. 3.12 abgedruckte „Skyline" veröffentlicht wurde [11].

Hier erübrigt sich im Grunde jeder Kommentar. Die Aufgabe der grafischen Darstellung ist es, dem Betrachter

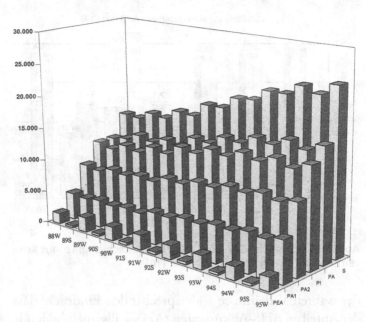

Abb. 3.12 Grafische Darstellungen: Informationsvermittlung auf einen Blick? [11]

die wesentlichsten Erhebungsergebnisse möglichst „auf einen Blick" zu vermitteln, um ihm das Durchlesen von Tabellen und Texten zu ersparen. Welchen Eindruck haben Sie, wenn Sie dieses „Alles-zusammen-in-einem-Säulendiagramm" betrachten? Man weiß ja gar nicht, wohin man blicken soll (falls man sich für die verschiedenen Anmeldestatistiken der Linzer Universität überhaupt interessiert)! Versuchen Sie einmal, für irgendeine der Säulen eine Anzahl an der Skala an der linken Seite der „Grafik" abzulesen, beispielsweise für die Anzahl der an der Universität immatrikulierten Personen (PI, vierte Säulenreihe von

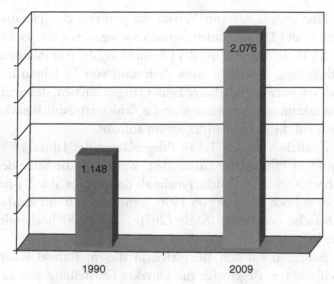

928 neue Pflegeplätze sind in den vergangenen 20 Jahren in Linz entstanden.

Abb. 3.13   Korrekte Proportionen? [12]

unten; die im Original vorhandene Legende mit den Erklärungen der Kurzbezeichnungen wurde hier weggelassen) im
Wintersemester 1994 (94W, dritte Säule von rechts in dieser Reihe). Können wir uns auf eine Zahl zwischen 15.000
und 20.000 einigen?

Um die sechs Zeitverläufe anschaulich darzustellen,
wären sechs verschiedene Säulendiagramme notwendig
gewesen. In der zweiten Reihe von hinten ist zu allem
Überfluss die sechste Säule von links nicht sichtbar, weil sie
durch einen im Vordergrund befindlichen höheren „Wol-
kenkratzer" überdeckt wird. Dabei wollte ich gerade diese
Zahl an der linken Skala ablesen!

Eine andere Art von Verzerrung passierte den Herausgebern des Linzer Stadtinformationsmagazins (Abb. 3.13; [12]). In der Darstellung der Entwicklung der Anzahl neuer Pflegeplätze innerhalb eines Zeitraums von 19 Jahren hat sich ein schwer erklärbarer Fehler eingeschlichen, den man nur erkennen kann, wenn man die Zahlen tatsächlich nachliest, auf die das Säulendiagramm aufbaut.

Zusätzlich zu den 1.148 Pflegeplätzen des Jahres 1990 sind 928 Pflegeplätze entstanden. Warum ist die Säule des Jahres 2009 dann deutlich mehr als doppelt (ca. das 2,4-fache) so hoch wie jene von 1990, wenn sie doch nur ca. das 1,8-fache der 1990er-Säule (2076:1.148 = 1,8) hoch sein dürfte?

Basierend auf den Beispielen in diesem Kapitel lassen sich mehrere Regeln für die korrekte Darstellung von Ergebnissen statistischer Erhebungen in Schaubildern ableiten. All diese lassen sich in folgende Grundregel zusammenfassen: Die einfachste Grafik ist in den allermeisten Fällen auch die beste (vgl. Quatember 2014, S. 28)! Dies soll zum Abschluss dieses Kapitels mit einem besonders ungewöhnlichen Artikel einer österreichischen Tageszeitung zum Thema Führerscheinentzug wegen Alkohol am Steuer nochmals betont werden (Abb. 3.14; [13]).

Oberösterreichs „Alkosünder-Bilanz" wurde in dieser Grafik nach den 15 politischen Bezirken und den drei größten Städten Linz, Steyr und Wels unterteilt. Doch wer auf den ersten Blick nun vermutet, dass die Gmundner die höchste Anzahl an Alkosündern in dieser Bilanz aufwiesen, weil ihre Säule die höchste ist, wird erst beim zweiten, genaueren Blick auf die Erklärung links oben in der Grafik stoßen. In dieser Bilanz sind demnach gar

Die Grafik zeigt es deutlich: In Linz wurde statistisch gesehen jedem 151. Einwohner im Jahr 2006 der Führerschein wegen Alkohol am Steuer entzogen. Damit ist die Landeshauptstadt unrühmliche Nr. 1!

Abb. 3.14 Weniger ist mehr: Umso weniger Alkosünder, desto höher die Säule! [13]

nicht die Alkosünder-Anzahlen in den Säulen nach oben aufgetragen, sondern die jeweilige Anzahl an Bewohnern, auf die genau ein Führerscheinentzug fiel. Also einer von 364 in Gmunden, das sind 0,27 Prozent aller Gmundner, und einer von 151 in Linz-Stadt, das sind 0,66 Prozent aller Linzer. Das heißt, je höher die Säule ist, desto *weniger* schlimm ist das Ergebnis für den Bezirk. Aber wer schaut sich die Grafik schon so genau an, dass er diese Umkehrung der Verhältnisse, die gegen jede Konvention der grafischen Darstellungen verstößt, bemerkt?

Dabei ist es an sich schon „etwas gewagt", dass man –
offenbar zum besseren Verständnis – einen Prozentsatz von
0,66 Prozent durch die Umschreibung veranschaulichen
möchte, dass jedem 151. Linzer der Führerschein aufgrund
von Alkohol am Steuer entzogen wurde (vgl. den unten stehenden Text). Verständlicher wäre es wohl, die Anteile z. B.
auf jeweils 1000 Einwohner eines Bezirks umzulegen. Linz
hat dann 6,6 Alkosünder auf 1000 Einwohner, Gmunden
dagegen nur 2,7. Somit würden höhere Säulen auch das
bedeuten, was man vermuten und erwarten würde – nämlich mehr Alkosünder. Aber so richtig lustig wird die ganze Sache im Text unter der Schlagzeile „Linzer sind größte
Alk-Sünder", in dem man erfährt, wie diese bezirksweise
angegebenen Zahlen eigentlich entstanden sind:

> *Gmunder hui – Linzer pfui! So könnte man die Statistik der
> Führerscheinabnahmen aufgrund von Alkoholisierung aus
> dem Jahr 2006 auch bezeichnen. Insgesamt wurden 6112
> rosa Scheine allein in Oberösterreich konfisziert. Wobei die
> Gmundner am ,bravsten' waren. Unrühmlich dagegen: Die
> Landeshauptstadt Linz steht unangefochten an der Spitze des
> heimischen ,Sünden-Registers'!*
>
> *So wurde jedem 151sten Linzer der Führerschein aufgrund
> von Alkohol am Steuer entzogen. Darunter fallen allerdings
> auch viele Partytiger, die in die Landeshauptstadt, Oberös-
> terreichs pendeln, um die Nächte durchzufeiern – und um
> anschließend nicht mehr ganz nüchtern mit dem Auto heim-
> zufahren. Auf Platz zwei der ,Bad-Boys-Liste' folgen die
> Schärdinger. Immerhin eine Führerscheinabgabe pro 190
> Einwohner steht im Bezirk rund um die Kurstadt Schärding
> zu Buche. Nur knapp gefolgt vom kleinsten Bezirk Oberös-
> terreichs – Eferding. Doch in puncto Führerscheinabgaben spielt*

der ‚Zwergbezirk' im Konzert der Großen mit: Pro 198 Ein-
wohner wurde ein Führerschein eingezogen.
Dass es auch anders geht, beweist der Bezirk Gmunden.
Nur jedem 364sten wurde die Fahrerlaubnis aufgrund eines
Alkoholdeliktes entzogen. Also nicht einmal halb so viele Sün-
der wie in Linz-Stadt. Knapp gefolgt von Urfahr-Umgebung
mit 348 Einwohnern pro Führerscheinabgabe wegen Alkohols
und Steyr-Stadt, mit 320 Bewohnern pro erwischtem Alko-
lenker. [13]

„Darunter fallen allerdings auch viele Partytiger, die in die
Landeshauptstadt, Oberösterreichs pendeln, um die Nächte durchzufeiern"? Wie jetzt? – Ich dachte, *Linzer* sind die
größten „Alk-Sünder"? Dabei kann es durchaus sein, dass
Auswärtige wie, ja!, Gmundner bei ihren nächtlichen Besuchen der Vergnügungsviertel ihrer Landeshauptstadt an den
Wochenenden bei der versuchten Heimfahrt von der Polizei in Linz alkoholisiert erwischt und zu den Linzer Führerscheinabnahmen gezählt werden. Aber dann darf man doch
diese Zahl der Führerscheinabnahmen in Linz nicht auf die
Linzer Bevölkerung beziehen!

Darum, liebe Leser, vereinigen wir uns! Fahren wir doch
kommenden Sommer an einem schönen Tag einfach alle
nach Gmunden im Salzkammergut an den wunderschönen
Traunsee, um die beste Statistik des letzten Jahres zu feiern. Danach – und das ist zugegebenermaßen der Haken
der Geschichte – lassen wir uns leicht angetrunken (zur Sicherheit aller gleich beim Einsteigen ins Auto) die Führer-
scheine in Gmunden abnehmen. Dann gibt es demnächst
die Überschrift „Gmundner sind größte Alk-Sünder". Und
auch das würde wieder blanker Unsinn sein!

Quellen (Zugriff: 31. Juli 2014)

1. „Österreich", Ende März 2007
2. http://datavizblog.com/2013/04/21/social-distortion-in-charts-the-venezuela-presidential-election-2013/
3. http://www.arabella.at/niederoesterreich/tagebuch/fischer-gewinnt-bundespraesidentenwahl/
4. „weekend Magazin", 9. Woche 2013
5. „weekend Magazin", Ausgabe April 2012, S. 5
6. „Die Presse", 25. Mai 2000, S. 1
7. „Kronen Zeitung", 3. Oktober 2010, S. 53
8. „Die Zeit", 30. Dezember 2010 (eingescanntes Original zu finden auf: http://www.jku.at/ifas/content/e101235/e101334/e110440/VisuelleVerdopplungderStudienanfngerInnenquote-Dezember2010.pdf)
9. „Computational Statistics & Data Analysis" (eingescanntes Original zu finden auf: http://www.jku.at/ifas/content/e101235/e101334/e144291/AbstiegeinesStatistik-JournalsNovember2011.pdf)
10. „OÖ Maturantenbefragung 1995", Landesschulrat für Oberösterreich, S. 4
11. Studienführer der Johannes Kepler Universität Linz für das Sommersemester 1996, S. 380
12. „Lebendiges Linz", Ausgabe Februar 2010, S. 13
13. „Kronen Zeitung", 25. Februar 2007, S. 18

Literatur

Quatember A (2014) Statistik ohne Angst vor Formeln. 4. Aufl. Pearson Studium, München

4

Unvergleichliche Mittelwerte

Tabellen mit Prozentangaben und auch grafische Darstellungen sind statistische Methoden, durch die in Daten vorhandene Informationen auf einfache Weise beschrieben und gebündelt werden können. Durch die Berechnung von Kennzahlen, die ganz bestimmte Eigenschaften der erhobenen Daten, z. B. deren Lage oder Streuung, beschreiben, werden diese Informationen jeweils sogar auf eine einzelne Zahl verdichtet. Beispiele solcher Kennzahlen sind Lagekennzahlen wie Mittelwert, Median oder Modus und Streuungskennzahlen wie Varianz, Standardabweichung oder Variationskoeffizient (vgl. z. B. Quatember 2014, Abschn. 1.3). Beim Mittelwert wird z. B. in Hinblick auf die Lage der aufgetretenen Daten eines Merkmals jene Zahl als Stellvertreter erkoren, die sich genau dann ergeben würde, wenn sich die Summe aller Daten völlig gleichmäßig auf alle Erhebungseinheiten aufteilen würde (Box 4.1).

4.1 Der Mittelwert

Der Mittelwert (Durchschnitt, arithmetisches Mittel) ist eine statistische Kennzahl, die als Stellvertreter für alle zu einem einzelnen Merkmal erhobenen Daten die Lage (oder Position) der Merkmalswerte auf der Zahlenachse beschreibt. Dabei ist die Idee des Mittelwertes ganz einfach die, dafür jenen Wert zu verwenden, der sich genau dann ergeben würde, wenn man die Summe der Daten, man nennt das die Merkmalssumme, gleichmäßig auf alle Erhebungseinheiten, von denen man die Daten beobachtet hat, aufteilen würde. Rechnerisch bedeutet das, dass man die Summe der aus einer interessierenden Population zu einem Merkmal erhobenen Daten einfach durch die Anzahl der Erhebungseinheiten dividieren muss (vgl. z. B. Quatember 2014, Abschn. 1.3.1).

Wurde beispielsweise von fünf Arbeitskollegen einer Abteilung eines Unternehmens erhoben, wie viele Tage sie im vergangenen Jahr krankgeschrieben waren, und die erhobenen Angaben lauteten 2, 5, 3, 0 und 6 Tage, dann ergibt die Merkmalssumme aller Kollegen $2+5+3+0+6=16$ Tage. Der Mittelwert ist dann 16 Tage : 5 Personen $=3,2$ Tage pro Arbeitnehmer. Dieser Mittelwert wird korrekt interpretiert, indem man sagt, dass dies genau jener Wert der Krankenstandstage ist, der sich ergeben würde, wenn sich die 16 Krankenstandstage aller fünf Arbeitnehmer gleichmäßig auf diese aufgeteilt hätten.

Die Frage, ob eine andere Abteilung mehr Krankenstand beansprucht, lässt sich durch den Vergleich der Mittelwerte der beiden Gruppen auch dann beantworten, wenn diese aus unterschiedlichen Anzahlen an Arbeitnehmern bestehen. Denn wenn in der anderen Abteilung insgesamt 31 Krankenstandstage anfielen, die Abteilung aber aus acht Personen besteht, dann bereinigt der Mittelwert pro Arbeitnehmer diese Gesamtzahl gerade um die unterschiedliche Abteilungsgröße. In der zweiten Abteilung beträgt er dann $31 : 8 = 3,875$ Tage pro Arbeitnehmer.

Von der Sinnhaftigkeit (oder eher sogar: Notwendigkeit) seiner Berechnung kann man sich regelmäßig in Zeitungsartikeln wie den drei folgenden überzeugen, in denen Zahlen aus Schaltjahren mit Zahlen aus Nichtschaltjahren verglichen werden. In einer Ausgabe einer wöchentlichen Gratiszeitung steht im Jahr 2004 unter der Überschrift „Geburtenzahlen: Ein Plus von 2,2 Prozent" und der Schlagzeile „Geburten leicht steigend" nachfolgender Text:

In den ersten drei Monaten dieses Jahres konnte laut Statistik Austria wieder ein Geburtenplus verzeichnet werden. Die Zahl der Neugeborenen war mit 18.388 neuen Erdenbürgern um 402 höher als im Vergleichszeitraum des Vorjahres. Außer Salzburg und der Steiermark konnten sich alle Bundesländer über eine Zunahme freuen. Spitzenreiter ist Vorarlberg mit einem Plus von 7,8 Prozent. In Oberösterreich nahmen die Geburten mit 0,2 Prozent am geringsten zu. [1]

Wenn hier die Geburtenbilanz der ersten drei Monate des Jahres 2004 mit jener derselben Monate des Jahres 2003 verglichen wird, dann muss natürlich berücksichtigt werden, dass diese drei Monate im Schaltjahr 2004 einen Tag mehr aufwiesen als im Jahr 2003. Bei gleichbleibender Entwicklung sollte die Zahl der „neuen Erdenbürger" im ersten Quartal 2004 folgerichtig zugenommen haben. Wie könnte man dieses Problem des unterschiedlich langen Bezugszeitraums lösen? Die Statistik bietet dafür ein „Mittel" an: Im Jahr 2004 beträgt der Mittelwert 18.388 Geburten: 91 Tage = 202,1 Geburten pro Tag. Im Jahr 2003 errechnet sich ein Mittelwert von (18.388 − 402) Geburten: 90 Tage = 199,8 Geburten pro Tag. Erst an diesen bereinigten Zahlen lässt sich ablesen, dass tatsächlich ein Zuwachs bei den Geburten stattgefunden hat.

Dieselbe Problematik findet sich bereits drei Jahre vorher in derselben Zeitung. Unter der Schlagzeile „Im Vorjahr kamen mehr Babys zur Welt" steht Folgendes:

> *Positiv war die Geburtenbilanz im Vorjahr in Österreich. 78.268 Kinder kamen zur Welt, das waren um 130 mehr als 1999. Allerdings war 2000 ein Schaltjahr, es kann daher nicht ohne Einschränkung verglichen werden. Pro Tag kommen österreichweit durchschnittlich 215 Babys zur Welt. Zieht man diese Zahl für den Schalttag ab, wird aus dem Plus von 130 Babys ein Minus. Trotzdem ist die Tendenz steigend, da der Rückgang vorher im Schnitt jährlich bei rund 3500 Geburten gelegen war. Die Anzahl der Geburten überstieg im Vorjahr jene der Sterbefälle um 1488. Der Baby-Zuwachs ging ausschließlich auf das Konto unehelicher Geburten, deren Quote die Höchstmarke von 31,3 Prozent erreichte.* [2]

Die Überschrift ist grundsätzlich ja richtig, bei der gegebenen Datenlage aber leider völlig unsinnig. Da das Jahr 2000 ein Schaltjahr war, kann man die absoluten Geburtenziffern der zwölf Monate des Jahres 2000 tatsächlich „nicht ohne Einschränkung" (nette Formulierung) mit jenen des Jahres davor, das kein Schaltjahr war, vergleichen. Erst durch den Vergleich der Mittelwerte der Geburten pro Tag können die Geburtenzahlen der beiden Jahre tatsächlich miteinander verglichen werden: Er beträgt im Jahr 2000 allerdings nicht 215, sondern 78.268 Geburten: 366 Tage = 213,8 Geburten pro Tag. Für 1999 errechnet sich ein Mittelwert von (78.268 − 130) Geburten: 365 Tage = 214,1 Geburten pro Tag. Das heißt? − Da der Mittelwert der täglichen Geburten

von 1999 auf 2000 gefallen ist, ist die um den Schalttag am
29. Februar 2000 bereinigte Geburtenbilanz ohne jede Einschränkung weiter rückläufig! Das wurde im Text trotz des
Rechenfehlers auch beschrieben, aber die Schlagzeile ist un-
brauchbar. Ein Vorschlag für eine positiv formulierte Überschrift, da die Tendenz tatsächlich nicht steigend, sondern
nur nicht mehr so stark fallend ist: „Im Vorjahr nur mehr
geringerer Geburtenrückgang".

Auch beim unten stehenden Vergleich der Übernachtungszahlen der Jahre 2008 und 2009 in der oberösterreichischen Landeshauptstadt Linz wird deutlich, wie der
Mittelwert das Problem der unterschiedlichen Anzahlen
an Erhebungseinheiten (auch hier sind die Erhebungseinheiten wieder die Tage) lösen kann. Unter der Schlagzeile
„Linz09: Minus bei Touristen" wird in einem Regionalblatt
davon berichtet, dass es in Linz im Februar des Jahres der
europäischen Kulturhauptstadt „Linz09" einen Rückgang
bei den Übernachtungszahlen im Vergleich zum Februar
des Vorjahres gegeben hat:

*40.039 Nächtigungen gab es in Linz im Februar. Ein Minus
von 2.540 gegenüber dem Februar 2008; damals waren es
noch 42.579 Übernachtungen. Stark betroffen: Das Segment
der Drei- und Vier-Stern-Betriebe.*

*Bei den Vier-Stern-Hotels gab es ein Minus von 2.003
Übernachtungen (von 17.378 im Februar 2008 auf 15.735);
bei den Drei-Stern-Betrieben wurden 2.194 Nächtigungen
weniger gezählt. Hier sank die Zahl von 12.392 im Februar des Vorjahres auf heuer 10.198. Zum Vergleich: Graz war
2003 Kulturhauptstadt und konnte im Februar ein Plus von
50 Prozent verbuchen.* [3]

Weiter unten im Artikel wurde der örtliche Tourismusdirektor mit dem korrekten Hinweis zitiert, dass rechnerisch der 29. Februar „abgehen" würde. Statt sich wegen der unterschiedlichen Monatslänge so vage auszudrücken, hätte man doch nur die Mittelwerte der Übernachtungen pro Tag vergleichen müssen: Im Februar 2009 gab es 40.039 Übernachtungen: 28 Tage = 1 430,0 Übernachtungen pro Tag, und im um einen Tag längeren Vergleichsmonat des Jahres 2008 waren es 42.579: 29 = 1 468,2. Im Schnitt gab es also im Jahr der Kulturhauptstadt 2009 jeden Tag im Februar exakt 38,2 Übernachtungen weniger als 2008.

Der folgende Text unter der Schlagzeile „Der Mensch als statistisches Wesen" aus einer oberösterreichischen Tageszeitung dokumentiert eine gewisse Unklarheit im Hinblick auf den genauen Sinn des Mittelwertes:

> *Gibt es den durchschnittlichen Oberösterreicher, die statistisch angepasste Oberösterreicherin? Natürlich nicht, die 1.383.950 Menschen (die Frauen sind mit 704.256 in der Überzahl) sind ausgeprägte und starke Individualisten, nicht über einen Kamm zu scheren. Dennoch haben statistische Betrachtungen ihren Wert – und sei es nur, um festzustellen, wie theoretische Norm und persönliche Daten auseinanderklaffen.*
>
> *Nachfolgend also ein paar Zahlen, großteils erhoben von der Abteilung Statistik des Landes, an denen man sich selbst messen kann.*
>
> *Der Oberösterreicher, der dem Durchschnitt entsprechen will, sollte 37,5 Jahre alt, 1,75 Meter groß und, so er 20 oder älter ist, 80,2 Kilo schwer sein. Die Oberösterreicherin ist drei Jahre älter und zählt 40,6 Jahre, klarerweise kleiner (Durchschnittsgröße 1,63) und mit 65,4 Kilo viel, viel leichter.*

Dafür dominiert sie bei der Lebenserwartung: Frauen können in unserem Land darauf hoffen, 82,1 Jahre alt zu werden, Männern gönnt das Leben im Schnitt nur 76,1 Jahre. Dass auf jede Frau nur noch 1,47 Kinder kommen (die Stellen nach dem Komma gehören zu den leichten Merkwürdigkeiten statistischer Aussagen) lässt zwar langfristig Bevölkerungsabnahme erwarten, vorerst aber steigt die Anzahl der Menschen in unserem Land noch an. Prognostiziert ist für das Jahr 2021 eine Bevölkerungszahl von 1,436 Millionen.

Derzeit sind fast genausoviele Menschen zwischen Inn und Enns verheiratet (44,3 Prozent) wie ledig (43,9 Prozent). Rund jeder 20. Bewohner ist geschieden. Beinahe jeder Dritte lebt in einem Single-Haushalt. Genau sind es 30,5 Prozent und damit klar weniger als im gesamtösterreichischen Durchschnitt, der 34 Prozent beträgt. [4]

Gibt es den durchschnittlichen Oberösterreicher, die statistisch angepasste Oberösterreicherin? – Natürlich nicht, warum sollte es auch? Der Mittelwert beim Alter ist in der betreffenden männlichen Bevölkerung 37,5 Jahre, bei der Körpergröße 1,75 m bzw. beim Gewicht 80,2 kg, sofern Mann mindestens 20 Jahre alt ist. Das sind Kennzahlen zur Beschreibung bestimmter in der jeweils betreffenden Grundgesamtheit vorhandenen Eigenschaften – *Kennzahlen,* aber keine theoretischen Normen im Sinn von verbindlich geltenden Regeln! Wenn alle Männer gleich alt wären, wäre jeder Mann 37,5 Jahre alt. Punkt! Ohne die Häufigkeiten verschiedener Altersklassen miteinander vergleichen zu müssen, liefern uns z. B. die geringeren Mittelwerte in der Bevölkerung 20 Jahre davor einen Anhaltspunkt dafür, dass die Bevölkerung früher (durchschnittlich) eine jüngere Struktur aufwies. Immerhin haben „statistische Betrachtungen (dennoch) ihren Wert". Dieser erschließt sich dem Journalisten offenbar nicht, wenn laut Mittelwertsberechnung auf jede Frau nur noch 1,47 Kinder kommen. Etwas sarkastisch wird dazu angemerkt, dass die Stellen nach dem Komma zu den leichten Merkwürdigkeiten statistischer Aussagen gehören.

Bleiben wir ganz sachlich. Der Mittelwert des Merkmals „Kinderzahl einer Frau" (in der Demografie auch als Fertilitätsrate bezeichnet) teilt die Summe der aufgetretenen Kinderzahlen gleichmäßig auf alle Frauen in der Erhebung auf (Box 4.1). Es steht in der Definition des Mittelwertes nichts davon, dass man danach noch auf ganze Zahlen runden müsste, wenn das Merkmal selbst nur ganzzahlige Werte aufweist. Warum auch? Teilt man die von – sagen wir mal vereinfachend – 100.000 Frauen erhobene Gesamtkinderzahl von 147.000 gleichmäßig auf diese Frauen auf, dann ergibt das einen Mittelwert von 1,47 Kinder pro Frau. Was ist daran merkwürdig? Vielmehr wäre es ein völliger Zufall und deshalb erst wahrhaft „merk-würdig", wenn sich bei einer solchen Erhebung als Mittelwert genau eine ganze Zahl ergeben würde. Soll der Mittelwert die Zahl 1 betragen, dann müsste die Gesamtkinderzahl exakt so groß sein wie die Anzahl der erhobenen Frauen. In unserem Beispiel würde das nur bei genau 100.000 Kindern von 100.000 Frauen zutreffen, also bei 47.000 Kindern weniger als es tatsächlich in dieser Grundgesamtheit gibt. Würde der Mittelwert 2 betragen, dann müssten es exakt doppelt so viele Kinder wie Frauen geben.

Ist die Kinderzahl das 1,47-fache der Frauenzahl, dann kommen eben auf jede Frau 1,47 Kinder. Das heißt ja nicht, dass jede Frau tatsächlich 1,47 Kinder zur Welt

bringt, sondern, dass jede Frau bei gleichmäßiger Aufteilung der Gesamtkinderzahl so viele zur Welt bringen
würde. In Ländern wie Deutschland und der Schweiz war
dieser Mittelwert zu diesem Zeitpunkt laut Daten der Weltbank noch niedriger, und in Frankreich z. B. war er mit
1,92 Kindern pro Frau sogar deutlich höher. Dadurch lässt
sich dann, ohne die absoluten Zahlen zu kennen, vergleichen, wie groß in verschiedenen Ländern verschiedener
Regionen der Erde mit unterschiedlichem Wohlstand und
länderspezifischer Familienpolitik und nicht zuletzt auch
unterschiedlicher Säuglings- und Kindersterblichkeit die
Fertilitätsrate ist – aber natürlich nur bei einer Berechnung
mit den Kommastellen.

Den Sinn des Mittelwertes als notwendige Basis für einen angemessenen Vergleich von Verhältnissen in unterschiedlichen Grundgesamtheiten macht auch das makabre
Werbeplakat gegen den Besitz von Handfeuerwaffen aus
Abb. 4.1 deutlich.

Die absoluten Zahlen der durch Handfeuerwaffen Getöteten sind im Hinblick auf den fairen Ländervergleich
natürlich Unsinn. Sie müssen hier insofern relativiert, d. h.
in Relation gesetzt, werden, als die einzelnen verglichenen
Staaten natürlich nicht dieselben Einwohnerzahlen besitzen
und in größeren Ländern auch mehr durch Handfeuerwaffen getötete Menschen als in kleineren zu erwarten sind. So
könnte man die Anzahlen beispielsweise auf jeweils 1 Mio.
Einwohner jedes Landes beziehen. Japan (im Jahr 2011 laut
Daten der Weltbank ca. 127,8 Mio. Einwohner) hätte dann
ca. $48 : 127,8 = 0,38$ durch Handfeuerwaffen Getötete pro
1 Mio. Einwohner aufzuweisen, Großbritannien nur 0,13,
die kleine Schweiz 4,3 (!) und so fort.

Abb. 4.1 Unterschiedlich große Länder: Hinkender Vergleich der Häufigkeiten! [5]

Dass auch nach dieser Bereinigung der unterschiedlichen Einwohnerzahlen die USA eine einsame Spitzenposition aufweist, ist nach den vorliegenden exorbitanten absoluten Zahlen keine Überraschung. Die 10.728: 311,6 = 34,4 mit Handfeuerwaffen Getöteten auf 1 Mio. der fast 312 Mio. Einwohner im Jahr 2011 wären dann aber bei allem Wohlwollen für das Anliegen zumindest die korrekte Vergleichsbasis mit den anderen Staaten.

Nachfolgend nun einige Beispiele zum immer wieder neu belebten Mittelwertsquiz „Wer lebt am längsten?". Der erste Artikel beschäftigt sich unter der Schlagzeile „Lebensverlängernde Schönheitschirurgie?" mit einer US-amerikanischen „Studie", die von einer geradezu überwältigenden Auswirkung von Schönheitsoperationen auf die Psyche von Patientinnen berichtet:

> *US-Schönheitschirurgen können jetzt mit bisher unbekannten erfreulichen Nebenwirkungen ihrer Operationen Kundinnen anwerben: Einer Studie der berühmten Mayo-Klinik in Rochester, Bundesstaat New York, zufolge leben ‚geliftete' Frauen zehn Jahre länger als der Durchschnitt!*
>
> *Patientenkarteien aus den Jahren 1970 bis 1975 zeigten, dass 148 von 250 Frauen, die sich in diesem Zeitraum einem hautstraffenden Lifting unterzogen hatten, noch lebten und im Durchschnitt 84 Jahre alt waren. Die statistische Lebenserwartung für US-Frauen liegt bei 74 Jahren. Dr. Mark Jewell, Chef der Schönheitschirurgen-Vereinigung, dazu: ‚Das ist ganz logisch. Das Selbstbewusstsein unserer Patientinnen steigt, das motiviert zu einem gesünderen Lebensstil.' Zudem leisten sich privilegierte Frauen mit ohnehin höherer Lebenserwartung eher ein Lifting als arme. [6]*

Zehn Minuten? OK! Zehn Stunden? Vielleicht! Zehn Tage? Niemals! Aber zehn Jahre? – „Das ist ganz logisch. Das Selbstbewusstsein unserer Patientinnen steigt, das motiviert zu einem gesünderen Lebensstil." Na wenn das so ist, an meiner Nase wäre eigentlich auch etwas zu korrigieren. Den netten Nebeneffekt der durchschnittlichen Lebensverlängerung durch Nasenverschönerung nehme ich da gerne mit.

In der „Studie der berühmten Mayo-Klinik" werden nicht einmal die Daten der bereits verstorbenen „gelifteten" Patientinnen verwendet. Vielmehr waren jene Patientinnen, die in die Studie miteinbezogen wurden, 30 Jahre nach dem Eingriff noch immer am Leben und im Durchschnitt 84 Jahre alt. Sie mussten also beim Eingriff durchschnittlich 54 Jahre alt gewesen sein. Da diese „ausgesiebten" Frauen aber, als sie sich dem „Lifting" unterzogen, schon mittelalterliche Erwachsene waren und sie zum Zeitpunkt der „Studie" auch noch lebten, *muss* deren erwartetes Alter natürlich höher liegen als die Lebenserwartung der Bevölkerung, in deren Berechnung (Box 4.2) auch die verstorbenen Säuglinge, Kinder, Jugendlichen und 40-Jährigen enthalten sind. Das hätte sogar den „Mayonnaisen" auffallen müssen. Sie sind doch immerhin Ärzte.

4.2 Die statistische Lebenserwartung

Die statistische Lebenserwartung ist die durchschnittlich von einem gewissen Zeitpunkt an unter den gegebenen Bedingungen noch zu erwartende Lebenszeit eines Menschen. Als Lebenserwartung einer Bevölkerung wird z. B. diejenige eines Neugeborenen bezeichnet. Schätzungen dieser Kennzahlen werden auf Basis von altersbezogenen Sterberaten und Annahmen über zukünftige Entwicklungen berechnet und gelten somit nur unter der Bedingung gleichbleibender Raten und Annahmen.

Ihre Berechnung kann man sich ganz vereinfacht veranschaulichen, indem dazu die Angaben des Sterbealters der im Vorjahr Verstorbenen herangezogen werden und von diesen Daten der Mittelwert bestimmt wird. Dieser so berechnete Mittelwert würde angeben, in welchem Alter alle gestorben wären (und alle bei völlig gleichbleibenden Rahmenbedingungen sterben würden), wenn sie bei gleich langer Gesamtlebensdauer alle gleich alt geworden wären. Dies würde bedeuten, dass man das Sterbealter dieser Personen aufaddieren und diese Summe durch die Anzahl der Verstorbenen dividieren muss. Dabei gab es leider Säuglinge, die schon im ersten Lebensjahr verstarben und dementsprechend ganz niedrige Zahlen zur Merkmalssumme beitrugen. Es gab z. B. Kinder, die schweren Krankheiten erlagen oder im Straßenverkehr umkamen. Ferner gab es junge Erwachsene, die bei einem Motorradunfall ums Leben kamen, 40-Jährige, deren Leben durch einen Herzinfarkt ein jähes Ende beschert wurde, 60-Jährige, die an einer unheilbaren Krankheit starben, und schließlich glücklicherweise auch gar nicht so wenige Menschen, die am Ende eines langen Lebens an einem altersbedingten Leiden starben.

Für Menschen, die beispielsweise schon 50 Jahre alt sind und somit nicht mehr als Säugling, Kind oder junger Erwachsener versterben werden, gelten zur Schätzung ihrer weiteren Lebenserwartung dann natürlich nur die Sterbedaten von Menschen, die mindestens genauso alt, wie sie es jetzt sind, waren, als sie verstorben sind. Wenn demnach die Sterbealter, die kleiner als 50 waren, aus der Mittelwertsberechnung herausfallen müssen, dann ergibt das selbstverständlich einen größeren Mittelwert beim zu erwartenden Sterbealter, weil nur mehr große Zahlen in die Merkmalssumme einfließen!

Berechnen wir zur Verdeutlichung in dem Beispiel in Box 4.1 für die erste Abteilung den Mittelwert, den man erhält, wenn man nur die Personen betrachtet, die mindestens eine Arbeitswoche krankgeschrieben waren. Das ergibt (5 + 6) Krankenstandstage: 2 Personen = 5,5 Tage pro Person, die mindestens eine Woche krank war. Das ist eine höhere Zahl als jene von 3,2 Tagen bei allen fünf Arbeitnehmern. Dass der Mittelwert in der Gruppe derjenigen, die sich mindestens fünf Tage im Krankenstand befinden, höher ist als jener unter allen fünf Arbeitnehmern, ist doch klar.

Ein weiteres Beispiel dieser ganz speziellen Gruppe von statistischem Unsinn in den Medien wurde auf der Internetseite des *British Medical Journal* publiziert. Über diese britische „Studie" wird in der Folge auf einer Nachrichtenplattform eines österreichischen TV-Senders im Internet unter der Schlagzeile „Frühpensionisten sterben früher" und der Überschrift „Später Pensionsantritt – langes Leben" folgendermaßen berichtet:

Wer früher in den Ruhestand geht, hat entgegen einer weit verbreiteten Einschätzung deswegen nicht länger zu leben: Statistisch gesehen haben Frühpensionisten sogar eine geringere Lebenserwartung. In einer Studie britischer Forscher wurden die Schicksale von 3.500 Beschäftigten des Ölkonzerns Shell im US-Bundesstaat Texas bis zu 26 Jahre lang verfolgt. [...]

Wer sich mit 55 Jahren aus der Firma verabschiedete, wurde demnach durchschnittlich 72 Jahre alt. Die bis zum Alter von 60 Jahren Beschäftigten starben dagegen erst mit 76. Und wer bis 65 Jahre im Unternehmen blieb, wurde sogar 80 Jahre alt. Die Experten kamen zu dem Fazit: ‚Die Lebenserwartung verbessert sich mit zunehmendem Pensionistenalter.'

Die Ergebnisse der Studie wurden in der Online-Ausgabe der Fachzeitschrift ‚British Medical Journal' publiziert. [7]

Genau! Diese „Experten" sollten sich einmal überlegen, wie hoch das durchschnittliche Sterbealter von heute 60- und wie es im Vergleich dazu von heute 70- oder 80-Jährigen sein wird. Na klar, die Mittelwerte der erwarteten Sterbealter werden immer größer! Von allen, die heute 80 Jahre alt sind, wird das Sterbealter höher als 80 sein, aber von den heute 60-Jährigen werden doch einige vor dem 80. Lebensjahr sterben!

Wenn man mit 55 Jahren in Pension geht, kann man natürlich z. B. bei einem Unfall mit 57 sterben. Geht man erst mit 60 Jahren in den Ruhestand, dann kann man nicht mit 57 Jahren verstorben sein. Somit sind bei der Berechnung des Mittelwertes der Sterbealter der mit 60 Jahren in den Ruhestand getretenen keine Zahlen unter 60 vorhanden, sondern nur höhere mit der Konsequenz eines höheren Mittelwertes. Außerdem wird man ja in der Regel wegen eines Gebrechens und nicht spaßeshalber frühpensioniert.

Genauso (irr-) witzig ist ein Artikel über eine ähnliche „Studie" in der Rubrik „Wussten Sie, …" des Magazins eines Kreditkartenunternehmens. Darin steht unter der Überschrift „Für immer jung" und dem Vorspann „Wo die gesündesten Menschen leben oder warum Oscar-Preisträger älter werden als ihre Kollegen" tatsächlich folgender Text:

Wussten Sie,
… dass Erfolg nicht nur glücklich macht, sondern auch zu einem langen Leben beiträgt? Interessant ist, wie die Behauptung bestätigt wurde, nämlich im Rahmen einer Studie an

1500 US-Schauspielern. Dabei zeigte sich, dass Oscar-Preis-
träger durchschnittlich 79,8 Jahre alt werden. Die nicht aus-
gezeichneten Kollegen hingeben starben bereits im Schnitt mit
75,8 Jahren. Mehrfache Oscar-Preisträger wurden besonders
alt: Anthony Quinn (zwei Oscars) starb mit 86, Katherine
Hepburn (vier Oscars) mit 96 und Billy Wilder (sechs Oscars)
mit 96 Jahren. [8]

Interessant ist tatsächlich nur, *wie* die Behauptung bestätigt wurde. Verglichen wurden die durchschnittlichen
Sterbealter von durch die Filmakademie ausgezeichneten
und nicht ausgezeichneten Schauspielern. Die allermeisten
müssen wie alle Menschen einen beruflichen Reifeprozess
durchmachen, ehe sie zu voller Qualität in ihrer Profession
auflaufen. Daher gibt es nur ganz wenige unter den verstorbenen Oscar-Preisträgern, die – sagen wir einmal – im
Alter von 20 bis 30 verstorben sind (z. B. Heath Ledger).
Im Vergleich dazu gibt es sicherlich einen deutlich höheren
Anteil an nicht ausgezeichneten Schauspielern (wie etwa
James Dean oder River Phoenix), denen dieses Schicksal
zuteil wurde. Der Grund ist, dass man zumeist nicht in ganz
jungen Jahren schon einen Oscar erhält. *Deshalb* wird der
Mittelwert der Sterbealter aller Oscar-losen US-Schauspie-
ler niedriger sein als jener aller Ausgezeichneten und nicht
wegen des Erfolgs! Noch krasser wird der Unterschied des
durchschnittlichen Sterbealters der nicht ausgezeichneten
und der Mehrfachgewinner. Oder kann ein vierfacher Oscar-Preisträger vor seinem 30. Geburtstag gestorben sein?
Ein nicht ausgezeichneter Schauspieler schon! Zu einem so
frühen Zeitpunkt im Leben kann man noch gar keine vier
Oscars abgeräumt haben.

Den oben beschriebenen Fehlern ist gemeinsam, dass die verglichenen Mittelwerte aus nicht miteinander vergleichbaren Grundgesamtheiten stammen. Auch Päpste haben ein durchschnittlich (deutlich) höheres Sterbealter als die Gesamtbevölkerung (Vorschlag für eine Schlagzeile: „Lebensverlängernde Stellvertretung Christi"), aber hauptsächlich deshalb, weil im Gegensatz zu Menschen in der Gesamtbevölkerung noch nie ein Papst im Alter von fünf Jahren verstorben ist. Päpste sind in der Regel schon alt, wenn sie zum Nachfolger Petri ernannt werden. Der im Jahr 2013 emeritierte Papst Benedict XVI. beispielsweise war bereits 78 Jahre alt, als er Papst wurde, sein Nachfolger Franziskus 76. Das Sterbealter von Päpsten *muss* daher ganz ohne Einfluss von oben höher sein als das der Gesamtbevölkerung.

Dasselbe gilt für Bewohner von Altenheimen: Sie sterben durchschnittlich in einem höheren Alter als die Gesamtbevölkerung (Vorschlag für eine weitere unsinnige Schlagzeile: „Lebensverlängernde Altenheime"), aber einfach deshalb, weil noch nie eine 15-jährige Altenheimbewohnerin verstorben ist. Auch Buchautoren wie ich (Das ist ganz logisch. Das Selbstbewusstsein der Autoren steigt durch das ständige Finden von Fehlern im eigenen Text, das motiviert zu einem gesünderen Lebensstil.), Studierende in Statistiklehrveranstaltungen (Das ist ganz logisch. Das Selbstbewusstsein der Hörerinnen und Hörer steigt durch die gewonnenen Erkenntnisse, das motiviert zu einem gesünderen Lebensstil.) und auch Lehrer und deren Schüler besitzen eine längere Lebenserwartung als die Gesamtbevölkerung.

Das gilt auch und ganz besonders (und auf *diesen* gerade erfundenen Unsinn lege ich allergrößten Wert) für die Leserinnen und Leser dieses Buches. Denn das ist ganz logisch. Das Selbstbewusstsein von Ihnen als Leser steigt durch die Lektüre des spannenden Buches, das motiviert zu einem gesünderen Lebensstil. Sie spüren diese Motivation noch nicht? Schade. Dann muss Ihre höhere Lebenserwartung im Vergleich zur Lebenserwartung der Gesamtbevölkerung doch daran liegen, dass Sie, da Sie gerade lebend dieses Buch lesen, glücklicherweise weder als Säugling noch als Kleinkind und so weiter vor dem heutigen Tag verstorben sind. Das durchschnittliche Sterbealter der Leserschaft (Achtung: leider nur das *durchschnittliche* von allen Personen und nicht jedes einzelne) muss daher höher sein als jenes der Gesamtbevölkerung. Die erste Erklärung wäre verkaufsfördernder, die zweite ist mathematischer, aber im Gegensatz zur ersten aber (leider) korrekt!

Natürlich ist es neben der Angabe der Grundgesamtheit, die Mittelwerte beschreiben sollen, auch von immenser Bedeutung für ihre korrekte Einschätzung, dass angegeben wird, auf welche Einheiten sie sich beziehen. Sind es beispielsweise 213,8 Geburten in einer Region pro Tag oder Woche, 1468,2 Übernachtungen in einer Stadt pro Woche oder Monat und 0,37 Getötete pro Jahr auf 1 Mio. oder 10 Mio. Einwohner eines Landes? Anhand des folgenden Artikels über eine Fachhochschulstudie lässt sich erkennen, dass ohne diese Angabe Mittelwerte gänzlich ihren Sinn verlieren, weil man nicht weiß, auf welcher Basis man z. B. sein eigenes Verhalten mit dem durchschnittlichen vergleichen soll. Der Text unter der Überschrift „Jugend schon 2,5 Stunden im Netz" lautet:

Laut einer Studie der Fachhochschule Steyr verbringen heimische Jugendliche im Schnitt bereits 2,5 Stunden im

*Netz. Auffallend ist demnach auch, dass die ‚digitale Kluft'
zu Älteren in dieser Hinsicht immer größer wird. Auch die
Online-Shoppingausgaben steigen kontinuierlich an – durchschnittlich liegen diese bei rund 715 Euro.* [9]

Bei beiden angegebenen Mittelwerten bleibt uns nichts anderes übrig, als zu mutmaßen, auf welche Zeitspanne sie
sich beziehen. Wahrscheinlich wird sich der Mittelwert
von 2,5 h auf einen Tag beziehen, aber wie ist das bei den
durchschnittlichen Online-Shoppingausgaben? 715 € als
Mittelwert wieder pro Tag, pro Monat oder gar pro Jahr?
Eher Letzteres. Aber das ist nur eine Vermutung. Und ist
das eigentlich wieder der Mittelwert unter den Jugendlichen oder unter allen Interneteinkäufern? Der Leser hat
nach dem Lesen mehr offene Fragen als zuvor.

Neben dem Verständnis der statistischen Methode ist für
eine korrekte Interpretation des Resultats immer auch die
Sachkenntnis im jeweiligen Anwendungsbereich notwendig. Betrachten wir dazu den nachfolgenden Text vom 22.
Juli 2014 aus dem Internetauftritt einer deutschen Tageszeitung. Die Schlagzeile lautet „Deutsche lassen sich seltener scheiden":

*Immer noch wird mehr als jede dritte Ehe geschieden, aber es
werden weniger: Dem Statistischen Bundesamt zufolge gingen
2013 etwa fünf Prozent weniger Paare vor den Scheidungsrichter als noch im Vorjahr. Wenn sie das aber tun, dann meist
auf Initiative der Frau.* [...]

*Weniger Scheidungen in Deutschland: Dem Statistischen
Bundesamt zufolge ließen sich 2013 5,2 Prozent weniger
Ehepaare scheiden als noch 2012. Insgesamt gingen knapp
170.000 Ehen in die Brüche.*

*Fast die Hälfte der Paare hatte gemeinsame minderjähri-
ge Kinder. Somit waren etwa 136.000 Mädchen und Jungen
von der Scheidung ihrer Eltern betroffen, knapp fünf Prozent
weniger als im Vorjahr. [...]*

*Nach wie vor wird aber mehr als jede dritte Ehe in
Deutschland geschieden − 36 Prozent der Ehepartner gehen
innerhalb von 25 Jahren auseinander. Die Paare warten mit
diesem Schritt aber immer länger. So betrug die durchschnittliche Dauer der 2013 geschiedenen Ehen 14 Jahre und 8 Monate. 20 Jahre zuvor waren Paare im Schnitt nur 11 Jahre
und 7 Monate verheiratet, wenn sie vor den Scheidungsrichter
traten.*

*Die Zahl der Scheidungen nach der Silberhochzeit (26
und mehr Jahre) hat sich in den vergangenen 20 Jahren von
14.300 auf 24.300 nahezu verdoppelt. Sowohl die Männer
(knapp 46 Jahre) als auch die Frauen (fast 43 Jahren) waren
bei ihrer Scheidung 2013 im Durchschnitt nahezu sieben Jahre älter als 20 Jahre zuvor.*

*Bei den Eheschließungen gibt es bislang nur Zahlen für
2012. Vor zwei Jahren waren die Männer knapp 38 und die
Frauen fast 35 Jahre alt, wenn sie sich das Ja-Wort gaben −
und damit beide nahezu 6 Jahre älter als 20 Jahre zuvor.* [10]

Die Erklärung dafür, dass sich der Mittelwert der Ehedauer
innerhalb von 20 Jahren um mehr als drei Jahre erhöht hat
(„Die Paare warten mit diesem Schritt aber immer länger"),
teile ich allerdings in ihrer Schlichtheit nicht. Denn die
Ehescheidungsquote war vor 20 Jahren geringer als 2013.
Dass die sich scheidenden Paare mit diesem Schritt länger
warten, ist daher nur eine der möglichen Erklärungen. Eine
andere aber wäre, dass sich in den letzten Jahren zusätzlich
auch immer mehr ältere Paare „nach der Silberhochzeit"

scheiden lassen. Ein solches Verhalten war in dieser Häufigkeit früher undenkbar. Werden nun aber vermehrt auch solche Ehen geschieden, dann erhöht sich der Mittelwert der Ehedauer der Geschiedenen natürlich. Es ist einfach ein Mittelwert, in dessen Berechnung auch höhere Zahlen einfließen. Dies würde im Übrigen zusammen mit dem späteren Eheschließungsalter auch die deutliche Erhöhung der geschlechtsspezifischen Mittelwerte bei der Scheidung erklären.

Wie sich zeigt, sind es bei Mittelwerten vor allem Interpretations- und nicht Rechenfehler, die es zu beanstanden gilt. Am Ende dieses Kapitels soll die Berechnung der Merkmalssumme selbst bzw. deren Schätzung im Fokus der kritischen Betrachtung stehen. Eine solche Schätzung ist Thema des nachfolgenden Berichts. Unter der Schlagzeile „Kulisse Oberösterreich zog bisher 640 Millionen Seher an!" wird die große zusätzliche regionale Wertschöpfung von in diesem Bundesland gedrehten Filmen durch ihren hohen touristischen Werbewert hervorgehoben:

> *Oberösterreich ist und bleibt eine beliebte Filmkulisse. In Bad Ischl fällt kommenden Freitag die erste Klappe für die Film-Komödie ‚3-faltig' mit Roland Düringer und Alfred Dorfer in Hauptrollen. Auch ‚Die Landärztin' wird heuer wieder filmisch im Land ob der Enns ordinieren und die SOKO Donau geht auf Verbrecherjagd. [...]*
>
> *180 Filme und 12 Dokumentationen wurden in den vergangenen zehn Jahren bei uns gedreht. „Dadurch haben 640 Millionen Seher unsere leidenschaftlichen Landschaften in Kino und Fernsehen wahrgenommen." [11]*

Nehmen wir einmal hin, dass sich eine solche Summe aus TV-Einschaltziffern, Kinobesuchern etc. tatsächlich annähernd schätzen lässt – aber waren es 640 Mio. *verschiedene* Menschen, d. h. nur etwas weniger als ein Zehntel der Menschheit, wie es suggeriert wird? Denken Sie an Serien wie *Die Landärztin*, die wohl immer wieder von den *gleichen* Personen gesehen werden. Im Extremfall könnten es demnach sogar nur 640 : 192 = 3,3 Mio. *verschiedene* Personen gewesen sein, die unsere schönen Landschaften in den 192 Filmen gesehen haben. Die wahre Anzahl *verschiedener* Zuschauer wird angesichts der Tatsache, dass die meisten Filme und Dokumentationen keine auch nur annähernd so große Zuschauerzahl wie die wenigen Erfolgsserien, die in diesem Bundesland gedreht wurden, erreichen, wohl eher im unteren Bereich der möglichen Spanne zwischen 3,3 Mio. und 640 Mio. liegen. Aber darüber lässt sich nur spekulieren. 640 Mio. *verschiedene* Menschen waren es aber wohl bei Weitem nicht.

Dass auch höchste Sportfunktionäre ihre Probleme im Umgang mit Zahlen haben, ist in der Beilage zu einer österreichischen Tageszeitung zur Fußball-Weltmeisterschaft 1998 in Frankreich dokumentiert. Unter der Schlagzeile „Nur Lob für diese WM! Danke an Frankreich" findet sich aus der abschließenden Dankesrede des FIFA-Präsidenten Josef Blatter folgendes Zitat:

> *Rund 40 Milliarden Menschen haben diese Fußball-WM weltweit im Fernsehen verfolgt.* [12]

Ist das der Beweis für die Existenz außerirdischen menschlichen Lebens? Oder ist mir eine noch dramatischere

Entwicklung der Weltbevölkerung, als sie sowieso schon stattfindet, entgangen? – Nein, offenbar wurden die weltweiten TV-Einschaltziffern der einzelnen Spiele (wie auch immer diese berechnet wurden) einfach addiert. Diese Summe ergibt 40 Mrd. *nicht verschiedene* Menschen mit einem Mittelwert von 40 Mrd.: 64 Spiele = 625 Mio. *verschiedenen* Menschen pro Spiel.

Quellen (Zugriff: 31. Juli 2014)

1. „OÖN-Tips", 22. Woche 2004, S. 22
2. „OÖN-Tips", 20. Woche 2001 (eingescanntes Original zu finden auf: http://www.jku.at/ifas/content/e101235/e101336/e107728/mittelwerte3.pdf)
3. „Bezirksrundschau", 19. März 2009, S. 6
4. „Oberösterreichische Nachrichten", Oktober 2004 (eingescanntes Original zu finden auf: http://www.jku.at/ifas/content/e101235/e101336/e107731/mittelwerte5.pdf)
5. http://ct.politicomments.com/ol/pc/sw/i52/5/7/25/f_fd2ca89fcc.jpg
6. „Kronen Zeitung", 28. März 2004 (eingescanntes Original zu finden auf: http://www.jku.at/ifas/content/e101235/e101336/e107730/lebensverlaengerung.pdf)
7. http://sciencev1.orf.at/science/news/141680
8. „VISA-Magazin", Ausgabe 4/2006, S. 22
9. „CITY!magazin.linz.wels.steyr", Nr. 101, März 2011 (eingescanntes Original zu finden auf: http://www.jku.at/ifas/content/e101235/e101336/e115681/ProTagWocheMonatoderJahrMrz2011.pdf)
10. http://www.sueddeutsche.de/leben/eheschliessungen-deutsche-lassen-sich-seltener-scheiden-1.2057738

11. „Kronen Zeitung", 17. Januar 2010, S. 20
12. „WM-Extra", Nr. 41, letzte Seite (Beilage zur „Kronen Zeitung" anlässlich der Fußball-WM 1998)

Literatur

Quatember A (2014) Statistik ohne Angst vor Formeln. 4. Aufl. Pearson Studium, München

5
Mit Statistik lässt sich alles beweisen!

Beim Durchblättern von verschiedenen Zeitungen und Zeitschriften finden sich Berichte über Ergebnisse von Untersuchungen zu den merkwürdigsten Sachverhalten. So wurde geprüft, ob ein Glas Rotwein, ob zwei Tassen Kaffee, mal bezogen auf einen Tag, mal auf eine Woche, als gesundheitsfördernd gelten können. Es wird behauptet, dass Männer ihren Rasierern treuer sind als ihren Partnerinnen, Katalysatorautos die Immunschwächekrankheit AIDS fördern und ein Zusammenhang zwischen Durchfall und Intelligenz besteht. Man erhält den Eindruck: Mit Statistik lässt sich offenbar alles beweisen! Sind also die statistischen Methoden so leblos, dass sie mit dem Leben nichts zu tun haben? Kann man den statistischen Mantel empirischer Studien einfach nach jedem Wind hängen?

Zuerst wenden wir uns der verständlicherweise verwirrenden Tatsache zu, dass bei bestimmten Sachverhalten manchmal tatsächlich zwei (nur scheinbar) widersprüchliche Statistiken durchaus richtig sein können. So meldete beispielsweise die Onlineplattform einer österreichischen Tageszeitung am 1. Januar 2013 unter der Überschrift

„2012: Rekord bei Arbeitslosen und Beschäftigten" Folgendes:

In der Zweiten Republik gab es in keinem Jahr so viele Arbeitslose wie im Vorjahr. Doch kletterte auch die Beschäftigung auf einen Rekordstand. Im EU-Vergleich belegt Österreich nach wie vor den besten Platz. [...]

Übers Jahr gerechnet dürfte die Arbeitslosenquote nach nationaler Definition (Zahl der Arbeitslosen dividiert durch die Summe der unselbstständig Beschäftigten und Arbeitslosen) laut AMS heuer bei sieben Prozent zu liegen kommen. Das ist vergleichsweise hoch, doch war die Quote zuletzt im Jahr 2009 mit 7,2 Prozent oder im Jahr 2005 mit 7,3 Prozent noch höher.

In absoluten Zahlen gab es jedoch nie so viele Arbeitslose in Österreich wie im Vorjahr. Im Jahresdurchschnitt waren es 260.643 (2009: 260.309). Die Zahl der Schulungsteilnehmer (66.602) war nur im Jahr 2010 noch höher: Damals wurden 73.190 Arbeitslose in Kursen geparkt. Damit hat die Krise nach zwei Jahren rückläufiger Arbeitslosigkeit wieder zugeschlagen.

Es gibt jedoch einen entscheidenden Unterschied zum Jahr 2009: Auch die Beschäftigung dürfte mit 3,47 Millionen unselbstständig Erwerbstätigen ein neues Rekordhoch erklommen haben. Somit wurden mehr neue Jobs geschaffen (44.000), als zusätzliche Arbeitslose hinzukamen (14.000). 2009, im Jahr nach dem Ausbruch der Finanzkrise, war die Beschäftigung geschrumpft. [1]

Es gab also in Österreich noch nie so viele Arbeitslose wie 2012. So weit, so unerfreulich. Aber hat damit die Krise nach zwei Jahren rückläufiger Arbeitslosigkeit tatsächlich wieder zugeschlagen? Gleichzeitig mit der Anzahl an Arbeitslosen befand sich zum aktuellen Erhebungszeitpunkt nämlich auch die Anzahl an unselbstständig Erwerbstätigen mit 3,47 Mio. auf einem neuen Rekordhöchstwert. In der Wochenzeitung *Die Zeit* vom 26. Juni 2014 wird diesbezüglich auf der Titelseite in einem Kommentar über eine Studie des Instituts der deutschen Wirtschaft zur Lebenszufriedenheit der Deutschen von der hohen Beschäftigungszahl als „Ursprung allen Glücksgefühls" gesprochen.

Es gibt die höchste Beschäftigtenzahl aller Zeiten und gleichzeitig auch die höchste Arbeitslosenzahl. Das eine lässt Kommentatoren jubeln, das andere eine Krise ausrufen, und beide Fakten stimmen. Gründe dafür, dass sich immer mehr Menschen am Arbeitsmarkt befinden, sind unter anderem das steigende Pensionsalter, die weiterhin zunehmende Erwerbsquote unter der weiblichen Bevölkerung und die Immigration. Pickt man aus den Daten nur die halbe Wahrheit heraus, lässt sich damit je nach Interessenslage das eine bejubeln oder das andere beklagen.

Auch durch simple, den tatsächlichen Fragewortlaut in Umfragen ignorierende Interpretationsfehler lässt sich mit Statistik natürlich alles beweisen, wie die nachfolgenden Beispiele zeigen. In einem Artikel mit der Schlagzeile „Männertreue gilt besonders dem Rasierer" heißt es:

98 Prozent der Männer halten ihrem Rasierer die Treue. Wobei es bei der Partnerin lediglich 46 Prozent und bei der Automarke nur 30 Prozent sind. Zu diesem Ergebnis kommt eine Gewis-Umfrage im Auftrag der Firma Braun.

> *‚Welches der folgenden Dinge haben Sie in Ihrem Leben bisher am häufigsten gewechselt?‘ lautete die Frage, bei der nur zwei Prozent die Rasiermarke angeben.* [2]

Es wurden in dieser Umfrage im Auftrag eines Rasiererherstellers Männer danach gefragt, „welches der folgenden Dinge" wie Partnerin (Dinge!), Automarke oder eben Rasierer jenes ist, das sie in ihrem Leben am häufigsten gewechselt haben. Am häufigsten! Nur zwei Prozent gaben demnach an, dass sie von all den aufgelisteten Dingen am häufigsten die Rasierermarke wechseln. Es kann aber durchaus sein, dass die Rasierermarke von allen Befragten schon oft gewechselt wurde. Es sollte von jedem ja nur das am häufigsten gewechselte „Ding" angegeben werden. Die einen wechseln Automarken häufiger als Rasierermarken, die anderen meinetwegen ihre Partnerinnen. Der Schluss, dass 98 Prozent der Männer ihrem Rasierer die Treue halten, ist somit blanker Unsinn. Die Herkunft der anderen Prozentzahlen wird gar nicht erklärt. Besten Dank für die „interessanten" Ergebnisse.

Ein solcher Fehler „gelingt" auch im Text unter der Grafik in Abb. 5.1 zum Thema „Loyalität am Arbeitsplatz" [3]. Die dort gegebene Interpretation des Umfrageergebnisses ist durch die Fragestellung nicht im Geringsten gedeckt. Dem Chef fühlt man sich wenig verbunden? Woraus wird dieser Schluss abgeleitet? Auf die Frage „Wem gegenüber sind Sie am loyalsten?" gaben zehn Prozent der Befragten an: „Meinem Chef". Am loyal*sten*! Es könnte durchaus sein, dass auch ein Großteil der restlichen 90 Prozent der befragten 25.000 (!) Arbeitnehmer ihrem Chef stark verbunden ist, aber am stärksten eben dem Team oder sich selbst. Um

Abb. 5.1 Fragewortlaut und Interpretation: Dem Chef wenig verbunden? [3]

Abb. 5.2 Fragewortlaut und Interpretation: Mehrheit für Neuwahlen? [4]

dies herauszufinden, hätte die Frage „Wem gegenüber sind Sie loyal? (Mehrfachantworten möglich)" lauten müssen. Auf diese Weise lässt sich mit Statistik natürlich tatsächlich alles beweisen!

Auch Abb. 5.2 dokumentiert einen Interpretationsfehler bezüglich des Fragewortlautes in einer Umfrage. In dem Artikel auf der Titelseite einer österreichischen Zeitung mit der Überschrift „Neueste Umfrage: Österreicher haben genug vom Parteienstreit" und der Schlagzeile „Mehrheit für Neuwahl" wird auf zwei Seiten das Umfrageergebnis unter „Es gibt keine Alternative mehr zu Neuwahlen" und „Österreichern reicht es jetzt" analysiert [4].

Die gestellte Frage lautete vollständig: „Wenn die Koalitionsverhandlungen zwischen SPÖ und ÖVP (Sozialdemokratische Partei Österreichs und Österreichische Volkspartei; Anm. des Verf.) tatsächlich scheitern sollten, wofür wären Sie dann?" Die Schlagzeile dürfte demnach maximal lauten: „Wenn keine große Koalition kommt:

Hälfte für Neuwahl". Denn nur unter *dieser* Voraussetzung sind 50 Prozent der Befragten für Neuwahlen eingetreten. Das ist etwas völlig anderes als die Behauptungen, dass eine Mehrheit direkt für Neuwahlen wäre, es den Wahlberechtigten nun reiche und es keine Alternative mehr zu Neuwahlen gäbe. Eine Umfrage des Meinungsforschungsinstituts OGM bestätigte auch eine Woche später, dass *trotz* der anhaltenden Querelen bei den damaligen Koalitionsverhandlungen nach wie vor 54 Prozent der Befragten für eine große Koalition und nur 22 Prozent für Neuwahlen seien. Eine solche Fehleinschätzung eines Umfrageergebnisses kann aber schon einmal einige Tage die innenpolitische Diskussion in einem Land dominieren.

Auch die Auswahl der auf einem Fragebogen vorgegebenen Antworten selbst kann natürlich für verfälschte Statistiken sorgen. So fand sich im Jahr 2004 in der Mensa der Johannes Kepler Universität Linz (Österreich) der Fragebogen von Abb. 5.3 auf den Tischen.

Diese Umfrage unter den Mensabesuchern zu ihrer Zufriedenheit mit den angebotenen Suppen hat völlig überraschend ergeben: Niemand, aber auch gar niemand, hat sich über die Suppen in irgendeiner Weise beschwert! Alle Befragten fanden diese zumindest „befriedigend".

Das können wir natürlich auch:

Beantworten Sie bitte die nachfolgende Frage ganz ehrlich unter ausschließlicher Verwendung der vorgegebenen Antwortalternativen:

Wie gefällt Ihnen dieses Buch?

☐ großartig   ☐ sehr gut   ☐ gut

ANTWORTEN und GEWINNEN Sie*:

1. Welche Suppe haben Sie heute gegessen?

_____

2. und wie hat Sie Ihnen geschmeckt:

☐ sehr gut   ☐ gut   ☐ befriedigend

3. sagt Ihnen unser Suppenangebot zu?

☐ sehr gut   ☐ gut   ☐ befriedigend

4. welche ist Ihre Lieblingssuppe?

_____

Bitte Karte bei der Kassa abgeben.

Abb. 5.3 Auch die Auswahl der Antwortalternativen steuert die Ergebnisse [5]

Ich möchte die Ergebnisse dieser Umfrage natürlich nicht vorwegnehmen. Aber ich habe ein gutes Gefühl!

Ähnlich „überraschend" würde das Umfrageergebnis ausfallen, wenn man den Anteil der Internetnutzer durch einen Fragebogen testen möchte, der im Internet auf die Befragten wartet. Das brasilianische Medienunternehmen Rede Globo hat dies tatsächlich gemacht und einen Fragebogen mit der Frage „Nutzen Sie das Internet?" ins Internet gestellt [6]. Dieser „Idee" folgend könnten wir Zuschauer eines Fußballspieles fragen: „Besuchen Sie Fußballspiele?", um daraus den Anteil der Fußballspiele besuchenden Bevölkerung zu schätzen; und wir könnten Teilnehmer an einer Lehrveranstaltung fragen: „Studieren Sie derzeit an einer Universität?", um den Anteil der Studierenden zu eruieren. Kurioserweise gaben 68 Prozent derer, die *online* die Frage „Nutzen Sie das Internet?" beantworteten, an, dass sie das Internet gar nicht nutzen. Das wäre gerade so, als würden die befragten Zuschauer eines Fußballspieles behaupten, nie ein Fußballspiel besucht zu haben! Obwohl, da kommt es vielleicht auf das Match an …

Eine andere Qualität von Fehler liegt vor, wenn eine richtig errechnete statistische Kennzahl falsch interpretiert wird. Ein Beispiel dafür ist die irrtümliche kausale Interpretation eines statistischen Zusammenhangs (Box 5.1). Ein echter Klassiker auf diesem Gebiet ist der folgende Artikel einer österreichischen Tageszeitung aus dem Jahr 1987 mit der Schlagzeile „Steirischer Arzt warnt: „Kat" fördert AIDS". Es wird ein damaliger Funktionär der Österreichischen Ärztekammer aus einem von ihm verfassten Aufsatz in der Zeitschrift der Österreichischen Ärztekammer zitiert, in dem er im Hinblick auf die Immunschwächekrankheit AIDS vor der schädlichen Auswirkung der Katalysatoren in Automobilen warnt. In demselben Artikel wird ein Mediziner des österreichischen Automobil-, Motorrad- und Touringclubs deutlich: „Das ist ein Wahnsinn, überhaupt der größte Unsinn, den ich je gehört habe! Wo gibt es denn in Afrika Katalysatoren?"

Dem ist eigentlich nichts mehr hinzuzufügen. Aber lesen Sie selbst:

Seit 20. September 1986 liegen Tatsachen zum Thema Toxizität von Katalysatoren auf dem Tisch. Ende Juli 1985 ließen vergleichende Publikationen und Archivstudien darauf schließen, dass die Erkrankung Herpes II (Genitalherpes), die sehr häufig von explosivem Gebärmutterhals- und Ovarialkrebs gefolgt wird, und gleichzeitig auch die Erkrankung AIDS nur dort besonders häufig manifest wird (mit fortschreitender Erkrankung), wo offensichtlich die Katalysatortechnik im Automobil eingeführt wurde' [...]

Diese Meinung des steirischen Arztes [...] steht im offenbaren Widerspruch zu den bisherigen Aussagen der Mediziner: Demnach wird AIDS durch das Virus HIV (früher HTLV-II genannt), Herpes durch das Herpes-Virus hervorgerufen, und bei vielen Krebsarten suchen die Forscher noch weltweit nach Ursachen. [...]

‚Ich habe das aus einem US-Papier übernommen. [...] Man kann eine gewisse Korrelation zwischen der Einführung der Katalysatortechnik und den gehäuften AIDS-Fällen zum Beispiel in Los Angeles nicht von der Hand weisen.' [7]

Dass es eine „gewisse Korrelation" zwischen der Anzahl der registrierten HIV-positiv-Fälle und der Anzahl der verkauften Katalysatorautos in diesem Zeitraum gegeben hat, könnte auch daran liegen, dass beide Zahlenreihen unabhängig voneinander im Laufe der 1980er-Jahre gestiegen sind. Wenn dann die sogenannte Korrelation dieser Zahlenreihen berechnet wird, wird diese einen gleichsinnigen (wenn das eine steigt, steigt auch das andere) statistischen Zusammenhang zwischen diesen beiden Merkmalen anzeigen. Einen gleichsinnigen *statistischen* Zusammenhang wohlgemerkt, d. h. einen, der in den Daten steckt. Eine Begründung dafür muss der jeweilige Experte im Fachbereich der Anwendung der statistischen Methode (z. B. in der Medizin) schon selbst finden. Ein statistischer Zusammenhang ist jedenfalls nicht automatisch als kausal in dem Sinn zu interpretieren, dass sich eine Veränderung bei dem einen Merkmal direkt auf das andere Merkmal auswirkt.

Es gibt beispielsweise im angesprochenen Zeitraum einen ebenso völlig zufälligen gleichsinnigen *statistischen* Zusammenhang zwischen der Anzahl an registrieren HIV-positiv-Fällen und an verkauften CDs. Die Begründung dafür ist ganz einfach, dass so wie die Katalysatorautos auch die CDs Anfang der 1980er-Jahre auf den Markt gekommen sind und in den Folgejahren die Vinylschallplatten als Tonträger fast komplett vom Markt verdrängt haben. Eine „gewisse Korrelation" ist deshalb auch zwischen diesen beiden Merkmalen nicht von der Hand zu weisen. Aber auch die CDs haben nicht die Immunschwächekrankheit gefördert.

In gegensinniger Weise müssen dann natürlich die Anzahlen an HIV-positiv-Fällen und an verkauften Schallplatten statistisch zusammenhängen. Denn Jahr für Jahr wurden von 1980 bis 1986 immer mehr Autos mit Katalysatortechnik, aber immer weniger Schallplatten verkauft. Lassen Sie uns damit eine ähnliche Schlagzeile wie oben formulieren: „Österreichischer Statistiker jubelt: Vinylalben hemmen AIDS".

5.1 Statistische Zusammenhänge

Beim Messen des statistischen Zusammenhangs zweier Merkmale geht es um die interessante Frage, ob man durch Kenntnis des einen Merkmals (z. B. des Geschlechts) auch Informationen über das andere Merkmal erhält (z. B. über die Parteipräferenz). Dabei gibt es natürlich verschiedene Stärken des statistischen Zusammenhangs. Wenn sich beispielsweise die Parteipräferenz beider Geschlechter nicht unterscheiden würde, dann spricht man vom Fehlen eines Zusammenhangs. Sind die Unterschiede der Parteipräferenz unter den beiden Geschlechtern nur gering, dann spricht man von einem geringen statistischen Zusammenhang. Bei großen Unterschieden kann man von einem großen statistischen Zusammenhang sprechen. Und wenn z. B. alle Männer eine bestimmte und alle Frauen eine andere Partei wählen würden, dann wäre der statistische Zusammenhang sogar vollständig. Nur in diesem Fall würde tatsächlich die Information über das eine Merkmal ausreichen, um auch über das andere Merkmal Bescheid zu wissen.

Davon zu unterscheiden ist die Frage nach dem kausalen Zusammenhang. Damit ist die ursächliche Begründung für den gefundenen statistischen Zusammenhang gemeint. Denn der statistische Zusammenhang muss nicht zugleich auch die Kausalität im dem Sinne liefern, dass eines der beiden Merkmale sich direkt auf das andere auswirkt. Es kann sich natürlich auch um einen Zusammenhang handeln, der durch eine zufällige Synchronität von Ereignissen in den Daten vorhanden ist oder der auftritt, weil ein drittes Merkmal die beiden anderen gleichzeitig steuert. Über die Begründung des gefundenen statistischen Zusammenhangs muss der Anwender der Methode jedenfalls selbst nachdenken.

Die Kennzahlen, die zur Messung des statistischen Zusammenhangs geeignet sind, unterscheiden sich nach dem jeweiligen Merkmalstyp. Bei nominalen Merkmalen wie Geschlecht oder Parteipräferenz, bei denen sich die möglichen Ausprägungen nur dem Namen nach unterscheiden, ist das beispielsweise Cramers V. Bei ordinalen Merkmalen, deren mögliche Werte sich ordnen lassen (z. B. Schulnoten oder Güteklassen), wird z. B. der Spearman'sche Rangkorrelationskoeffizient verwendet. Bei metrischen Merkmalen wie Verkaufszahlen oder Körpergrößen, deren Werte sich nicht nur sortieren lassen, sondern die auch noch Vielfache einer Einheit sind, kommt der Pearson'sche Korrelationskoeffizient zum Einsatz. Alle diese Kennzahlen ergeben vom Betrag her einen Wert zwischen null und eins. Sie sind umso größer, je stärker der statistische Zusammenhang zwischen den beiden Merkmalen ist (vgl. z. B. Quatember 2014, Abschn. 1.3.4).

Eine Sammlung rein statistischer, aber nicht kausal zu interpretierenden Korrelationen wie jener zwischen den Anzahlen an verkauften Katalysatorautos und an registrierten HIV-Fällen findet sich auf der Webseite von Tyler Vigen (http://www.tylervigen.com, Zugriff: 31. Juli 2014). Der amerikanische Jurastudent hat sich die Mühe gemacht, nach inhaltlich vollkommen sinnfreien statistischen Korrelationen zu suchen, um genau das deutlich zu machen, nämlich dass statistische Zusammenhänge nicht automatisch auch kausal interpretierbar sind. So finden sich dort unter anderem die hohen Korrelationen zwischen dem Pro-Kopf-Käsekonsum eines Jahres in den USA und der Anzahl der Personen, die in diesen Jahren in den Vereinigten Staaten starben, weil sie sich in ihrem Bettlaken verwickelt hatten (Korrelation von 0,95), den jährlichen Scheidungsraten im US-Bundesstaat Maine und dem US-amerikanischen Pro-Kopf-Konsum an Margarine (0,99) und der Anzahl an in einem Swimmingpool ertrunkenen Personen und jener an Filmen, in denen im gleichen Jahr der Hollywood-Schauspieler Nicolas Cage mitspielte (0,67). Bleibt zu hoffen, dass niemand vorschlägt, die Einfuhr von Käse (nicht nur) in die USA zu unterbinden, damit sich nicht mehr so viele Personen mit ihren Bettlaken ersticken. Denn „eine gewisse Korrelation" zwischen Käsekonsum und auf solche Weise zu Tode gekommenen ist auch in diesem Fall „nicht von der Hand zu weisen".

Walisische Mediziner untersuchten (hoffentlich nur spaßeshalber), ob es – wie es eine walisische Legende behauptet – tatsächlich eine Auswirkung der Erfolge ihres (protestantischen) Rugbynationalteams auf das Ableben katholischer Päpsten gibt. Der Artikel darüber ist Ende des Jahres 2008 immerhin im *British Medical Journal* erschienen (vgl. Payne et al. 2008) und nicht etwa in der Papierausgabe von *Mainz bleibt Mainz, wie es singt und lacht* oder – um in Großbritannien zu blieben – in einer vorher nie ausgestrahlten Folge von *Monty Python's Flying Circus*.

Auch hier ist die naheliegendste Erklärung für den statistischen Zusammenhang natürlich, dass es sich um reinen Zufall handelt. Unter Millionen von Zeitreihen findet man immer eine, die gut zu einer anderen passt. Seit über 125 Jahren sind bis 2008 nur acht Päpste verstorben. Und in den letzten 125 Jahren wird ganz bestimmt in den Tausenden Sportarten, Zigtausenden Ligen und Wettbewerben auf unserem Globus mehr als nur die Zeitreihe der größten Erfolge des walisischen Rugbynationalteams mit jener des Hinscheidens der acht Päpste völlig zufällig zusammengefallen sein. (Nur eine leider ganz sicher nicht: die der Erfolge des österreichischen Fußballnationalteams. Aber das ist eine andere Geschichte.)

Auch für den in einer US-Studie kausal interpretierten statistischen Zusammenhang zwischen Zahnfleischerkrankungen und dem Risiko von Fehlgeburten werdender Mütter könnte es eine durchaus andere Erklärung geben. Ein österreichisches Gesundheitsmagazin berichtete davon unter der Schlagzeile „Schwangerschaft und Zahnfleisch":

> *Ärzte in den USA haben herausgefunden, dass schwangere Frauen mit Zahnfleischerkrankungen ein sieben- bis neunmal höheres Risiko für Frühgeburten tragen. Rund 800 Frauen wurden untersucht. Der eindeutige Rat als Ergebnis der Studie: die Zahn- und Zahnfleischuntersuchung soll selbstverständlicher Bestandteil eines jeden Vorsorge-Besuches der Schwangeren beim Arzt sein. [8]*

Es soll hier gar nicht behauptet werden, dass die kausale Interpretation der Erhöhung des Frühgeburtsrisikos durch Zahnfleischerkrankungen nicht stimmen *kann*. Man weiß aus eigener Erfahrung, dass sich Entzündungen, welcher Art auch immer, negativ auf das gesamte Immunsystem auswirken. Es soll an dieser Stelle aber darauf hingewiesen werden, dass die gegebene kausale Begründung des gefundenen statistischen Zusammenhangs nicht stimmen *muss*. Durch das amerikanische Gesundheitssystem, das im Wesentlichen dem einzelnen Bürger die Kosten für seine ärztliche Versorgung auferlegt, kommt es wohl dazu, dass sich ärmere Schichten der Bevölkerung sowohl die dentale wie auch die pränatale Vorsorge nicht im gleichen Ausmaß wie reichere leisten können. Das könnte aber den statistischen Zusammenhang zwischen den beiden Merkmalen auch *so* begründen: Ärmere Menschen gehen im Vergleich zu reicheren seltener zum Arzt und haben deshalb schlechtere Zähne *und* auch ein höheres Frühgeburtsrisiko.

Ob sich die Zahnfleischerkrankungen direkt auf das Frühgeburtsrisiko auswirken können, darüber müssen letztendlich die Experten der Medizin nachdenken. Aus dem Ergebnis der vorliegenden Statistiken ist diese Erklärung jedenfalls nicht automatisch abzuleiten. Wenn das Haushaltseinkommen tatsächlich beide Risiken steuern würde, dann wäre der „eindeutige Rat als Ergebnis der Studie" sinnlos und seine Befolgung würde das damit verfolgte Ziel der Reduzierung des Frühgeburtsrisikos nicht im Geringsten erreichen.

Von einer schwerlich vorstellbaren Kausalität einer Korrelation berichtete die Onlineausgabe eines deutschen Wochenmagazins in einem Artikel vom 11. Oktober 2012 unter der Schlagzeile „Kuriose Statistik: Nobelpreisregen durch Schokoladehunger" auf Basis eines im *The New England Journal of Medicine* veröffentlichten Artikels. Unter dem Vorspann „Je mehr Schokolade in einem Land verspeist wird, desto mehr Nobelpreise gibt es dort pro Kopf: Es ist ein verblüffender Zusammenhang, den ein Mediziner nun nachgewiesen hat" heißt es:

Der Fachartikel ist durchaus mit einer Portion Humor geschrieben, doch der statistische Zusammenhang ist nicht wegzudiskutieren: Die Schweiz steht beim Schokoladenkonsum und beim Einheimsen von Nobelpreisen nach Bevölkerungsanteilen gleichermaßen an der Spitze. Die USA, Frankreich und Deutschland liegen im Mittelfeld, während China, Japan und Brasilien im unteren Teil der Liste landen.

Einen Ausreißer gibt es allerdings, die Rede ist von Schweden: Mit einem Pro-Kopf-Verbrauch von 6,4 Kilogramm Schokolade pro Jahr hätte das Land der Rechnung zufolge eigentlich über die Jahre 14 Nobelpreisträger hervorbringen müssen. In Wahrheit sind es aber 32. [...] Entweder sei das Nobelkomitee wegen der geografischen Nähe der Geehrten in diesem Fall etwas befangen – oder aber seien Schweden besonders sensibel für leistungssteigernde Effekte von Schokolade.

Er spielt dabei auf die sogenannten Flavonoide an. Das ist eine Gruppe von sekundären Pflanzenstoffen, von denen einigen unter anderem eine positive Wirkung für die menschliche Kognition nachgesagt wird. [...]

Der Forscher weist auch darauf hin, dass seine Berechnungen auf dem Durchschnittsverbrauch der jeweiligen Landesbevölkerung beruhen. Der Schokoladenverzehr der Nobelpreisträger sei natürlich unbekannt.

Aber wie viel Schokolade muss ein Mensch eigentlich verzehren, um seine Chance auf den Gewinn eines Nobelpreises spürbar zu steigern? Auch hier muss der Forscher eine Auskunft schuldig bleiben. Für ein ganzes Land hat er den Effekt aber sehr wohl berechnet. Das kuriose Gedankenexperiment: In den USA müssten pro Jahr 0,4 Kilogramm Schokolade mehr pro Kopf verzehrt werden, um statistisch gesehen einen zusätzlichen Nobelpreisträger pro Jahr hervorzubringen. Insgesamt kämen so unglaubliche 125 Millionen Kilogramm pro Jahr zusammen. [9]

Auch ich möchte den gefundenen statistischen Zusammenhang gar nicht wegdiskutieren. Es soll nur über die gegebene direkte Begründung diskutiert werden. Im Originalaufsatz wird unter den 23 beobachteten Staaten (nur von diesen lagen Informationen zum Schokoladenkonsum in der jeweiligen Bevölkerung vor) eine „überraschend mächtige Korrelation" (von 0,79) zwischen dem Pro-Kopf-Konsum und der Anzahl der Nobelpreisträger eines Landes errechnet. Dort wird auch durchaus angemerkt, dass eine Korrelation zwischen X und Y keine Kausalität nachweist, aber anzeigt, dass entweder Y von X, X von Y oder X und Y durch einen gemeinsamen verborgenen Mechanismus beeinflusst werden. So weit, so korrekt! Doch dann wird konstatiert, dass es schwerfällt, einen „plausiblen gemeinsamen Nenner" zu finden, der sich auf beide Merkmale auswirken könnte. Somit wird offenbar doch ein direkter kausaler Zusammenhang unterstellt, da „die Verbesserung der kognitiven Fähigkeiten durch Schokoladenkonsum belegt ist".

Ist es aber nur deshalb, weil kein gemeinsamer Nenner gefunden wurde, also beispielsweise kein drittes Merkmal, das beide anderen steuert, für Sie inhaltlich nachvollziehbar, wie sich der Pro-Kopf-Schokoladenverbrauch der Gesamtbevölkerung direkt auf die Heranbildung von mit einem Nobelpreis ausgezeichneten Personen auswirken soll? Wie würden Sie denn in diesem Kontext erklären wollen, wenn einer der Nobelpreisträger z. B. ein überzeugter Schokoladenverweigerer wäre oder es zumindest seine Eltern Zeit ihres Lebens gewesen wären? Solche Personen gibt es doch sicher unter den Hunderten Nobelpreisträgerinnen und -trägern der Geschichte! Wirkt sich vielleicht schon der Geruch der in seiner Umgebung überdurchschnittlich oft gegessenen Schokoladen auf seine Intelligenz aus? Außerdem: Welchem Land rechnen wir denn Nobelpreisträger im Hinblick auf den Schokoladenkonsum der Bevölkerung zu?

Jenem, in dem sie aufgewachsen sind, in dem sie arbeiten oder in dem sie beispielsweise mehrjährige (Forschungs-) Aufenthalte hatten?

Ist es nicht doch naheliegender, als Erklärung für einen starken, gleichsinnigen statistischen Zusammenhang zwischen diesen beiden Merkmalen einen gemeinsamen Einflussfaktor zu suchen? Wie wäre es z. B. mit dem wie auch immer definierten Wohlstand der Länder als solche Variable? Bei größerem Wohlstand wird wohl mehr Schokolade konsumiert, und auch die Forschungseinrichtungen solcher Länder werden besser ausgestattet sein und das diesbezügliche Angebot einem größeren Personenkreis zur Verfügung stehen.

Die zehn Länder mit dem größten Pro-Kopf-Schokoladenverzehr liegen beispielsweise in der Reihung aller Staaten nach dem Pro-Kopf-Bruttoinlandsprodukt unter den Top 16! Unter den letzten 15 Nationen in der BIP-Liste liegen nur afrikanische Staaten. Dieser nach dieser Wohlstandsdefinition arme Kontinent hat beispielsweise erst einen Chemie- und zwei Literaturnobelpreisträger hervorgebracht (Stand Ende 2013). Was würde einen „nobelpreistauglichen" Wissenschaftsaufschwung in Afrika nun wohl eher bewirken: mehr Wohlstand oder mehr Schokolade?

Der nachfolgende Artikel aus einer Gratiszeitung berichtet unter der Schlagzeile „Fische und Wassermänner sind die größten Pechvögel" von einer „Studie" der Allgemeinen Unfallversicherungsanstalt (AUVA). Danach hängt es mit den Sternzeichen zusammen, ob man sich den Finger verstaucht oder unfallfrei bleibt. So seien Fische und Wassermänner besonders gefährdet, während Skorpione echte Glückspilze seien.

In dieser „Studie" ist vor jeder Interpretation bereits der gefundene statistische Zusammenhang falsch. Woraus werden diese kuriosen Schlüsse denn gezogen? Sehen Sie selbst:

Unser Schicksal, es steht tatsächlich in den Sternen. Denn laut einer aktuellen Studie der Allgemeinen Versicherungsanstalt (AUVA) hängt es (auch) vom Tierkreiszeichen ab, ob man sich den Finger verstaucht oder unfallfrei bleibt. So sind Fische und Wassermänner besonders gefährdet – Skorpione dagegen echte Glückspilze.

Sie sind Dachdecker und Fisch? Dann wäre ein Job-Wechsel klug! Denn laut der Versicherungsanstalt leben ‚Flussbewohner' gefährlich: ‚Rein statistisch verunglücken Fische und Wassermänner am häufigsten' […]

Die Studie ist einmalig (dem stimme ich zu; Anm. des Verf.). Denn während US-Forscher nur die Sternenkonstellation bei Pkw-Unfällen berechneten […], hat die AUVA 180.000 ‚Hoppalas' aller Art aus dem Vorjahr ausgewertet.

Die ‚Austro-Aua-Charts': Auf Fische (relative Unfall-Quote 523,4) und Wassermänner (515,6) folgen Jungfrauen (508,8), Krebse (597), und Stiere (506,2). Auf Platz sechs rangieren die Waagen (502,5), dahinter Widder (501,1), Löwen (496,5) und Zwillinge (494,7). Hoffnung gibt es für Steinböcke (494,1), Schützen (463,6) und vor allem für Skorpione (462,4).

Die Quoten errechnen sich aus den absoluten Unfall-Zahlen (Fische 15.179 im Jahr) geteilt durch die Anzahl der Tage, die jedes Sternzeichen dauert.

Übrigens: Sowohl bei Männern als auch bei Frauen hatten Fische das ‚Donald-Duck-Syndrom', im Glück sonnen sich dagegen männliche Schützen und weibliche Skorpione. [10]

Lassen Sie uns dazu folgendes Beispiel betrachten: Bei einer Aufnahmeprüfung für eine Studienrichtung befinden sich unter denen, die bestanden haben, 60 Prozent Frauen und nur 40 Prozent Männer. Blitzschnell wird daraus (wie bei den Sternkreiszeichen) gefolgert, dass den Frauen die Prüfung leichter gefallen ist als den Männern. Ändert sich diese Einschätzung durch die Information, dass sich unter den zur Prüfung angetretenen Personen 80 Prozent Frauen und nur 20 Prozent Männer befanden? – Selbstverständlich. Tatsächlich sind dann nämlich unter denen, die bestanden haben, die Frauen deutlich unterrepräsentiert und den Frauen ist die Prüfung demnach aus welchen Gründen auch immer *schwerer* gefallen als den Männern.

Zurück zu den Unfällen und Tierkreiszeichen: Im vorletzten Absatz des zitierten Artikels steht, wie die relativen Unfallquoten berechnet wurden. Es wurden demzufolge lediglich die verschiedenen Dauern der Sternzeichen durch Berechnung des Mittelwertes der Unfälle pro Tag berücksichtigt. Dann wurden diese relativen Quoten auch schon (wie oben die Geschlechteranteile unter denen, die die Prüfung bestanden haben) miteinander verglichen: 15.179 Unfälle von „Fischen": 29 Tage = 523,4 Unfälle pro Tag von Menschen im Sternzeichen Fisch, 515,6 Unfälle pro Tag von Menschen im Wassermann und so fort. Wie wären diese Zahlen aber zu interpretieren, wenn beispielsweise (nur einmal angenommen) 80 Prozent der Population (wie oben beim Frauenanteil unter allen Prüflingen) im Sternzeichen der Fische geboren wären? Es wären unter den Verunfallten zwar laut dieser Erhebung mehr Fische als andere Sternzeichen, aber bei Weitem nicht in dem Ausmaß, das man erwarten würde, wenn auch unter den Verunfallten dieselbe Verteilung der Sternzeichen wären wie in der Gesamtbevölkerung. Und schon müsste die Schlagzeile trotz der erhobenen Zahlen lauten: „Fische sind die größten Glückspilze".

Tatsächlich liegt mir die Sternzeichenverteilung der Bevölkerung zum Erhebungszeitpunkt leider nicht vor. Aber wir können stattdessen die Geburtenstatistik als ungefähren Anhaltspunkt verwenden. Diese Statistik der Lebendgeborenen pro Tag wird in Österreich (Stand 2005 passend zum Artikel) angeführt von den Jungfrauen, gefolgt von Krebsen, Zwillingen und Löwen, dann Waagen, Stieren, Wassermännern, Fischen und Widdern. Und auf den letzten drei Plätzen befinden sich Steinböcke, Schützen und Skorpione. Sehen Sie, was ich meine? Diese Statistik ist nicht ganz die gleiche wie bei den Verunfallten. Aber die beiden Reihenfolgen ähneln einander schon sehr!

Die Zahl der Verunfallten pro Tierkreiszeichen müsste erst noch auf die Zahl der in diesem Tierkreiszeichen zum gegebenen Zeitpunkt lebenden Personen bezogen werden, um die zitierten Schlussfolgerungen ziehen zu dürfen. Nur das ergäbe eine brauchbare „relative Unfallquote". Für Fische wäre ein Jobwechsel gut? Ich wüsste da noch jemanden …

Eine „einschläfernde" Studie wurde mit einem Artikel zum Thema „Neue Erkenntnisse zur idealen Schlafdauer" am 25. Juli 2011 online gestellt. Bei den diesem Bericht zugrunde liegenden Studienergebnissen lohnt es sich abermals, darüber nachzudenken, ob der gefundene statistische Zusammenhang nicht doch irrtümlich auch als kausal interpretiert wurde:

Weniger als fünf Stunden Schlaf sind zu wenig, mehr als sechseinhalb Stunden zu viel. Zu diesem Schluss kommt eine aktuelle Studie der University of California in San Diego (UCSD), in der der Zusammenhang zwischen Lebenserwartung und Schlafdauer untersucht werden sollte.

Zwar wurde von den Forschern damit neuerlich bestätigt, dass ausreichend Schlaf eines der Geheimnisse für ein langes Leben sein könnte. Die ideale Schlafdauer liegt in der im Fachmagazin 'Sleep Medicine' publizierten Studie allerdings deutlich unter den bisherigen Erkenntnissen.

Grundlage der Befunde des Forscherteams [...] waren zwischen 1995 und 1999 für eine Schlafstudie erhobene Daten. Während von den damals 459 teilnehmenden Frauen 86 mittlerweile verstorben sind, wurden von 444 neuerlich Daten zur Schlafdauer erhoben. [...] (Das Team kam) bei der Auswertung dann zum erstaunlichen Ergebnis, dass die beste Überlebensrate bei denjenigen Frauen zu finden war, die fünf bis 6,5 Stunden pro Nacht schlafen.

'Misst man die Schlafdauer mit objektiven Kriterien', hatten die Frauen mit weniger bzw. mehr Schlafstunden pro Nacht 'eine deutlich verminderte Wahrscheinlichkeit, jetzt nach 14 Jahren noch am Leben zu sein' [...]. [11]

Bei der Auswertung der Daten jener der ursprünglich 459 Frauen, von denen im Jahr 2009 festgestellt werden konnte, ob sie seit der Schlafstudie in den späten 1990er-Jahren verstorben waren, wurden die Überlebensraten in den angesprochenen Schlafdauerintervallen auf Basis statistischer Signifikanztests miteinander verglichen (Box 5.2). Die höchste Überlebensrate war bei denjenigen zu finden, die fünf bis 6,5 h pro Nacht geschlafen hatten. Frauen mit weniger, aber auch solche mit mehr Schlafstunden pro Nacht hatten eine signifikant geringere Überlebensrate. Der Bericht fährt wie folgt fort:

> *Eine mögliche Gesundheitsgefährdung sowohl für Kurz- als auch Langschläfer wurde unterdessen auch in einer Studie der West Virginia University (WVU) geortet. Wie die im August veröffentlichte Untersuchung ergab, steigt das Risiko eines Herzinfarkts, Schlaganfalls oder von Herz-Kreislauf-Erkrankungen bei weniger als fünf Stunden Schlaf um mehr als das Doppelte. Menschen, die länger als neun Stunden im Bett – Nickerchen eingeschlossen – verbrachten, hatten demnach ein eineinhalbmal höheres Risiko als Siebenstundenschläfer.*
>
> *Die Gründe für die Verbindung zwischen Schlafdauer und Herzerkrankungen konnten die WVU-Experten allerdings nicht eindeutig bestimmen. Sie verwiesen unter anderem darauf, dass die Schlafdauer den Stoffwechsel beeinflusst. Chronische Schlafdefizite könnten demnach zu einer gestörten Glukosetoleranz und hohem Blutdruck führen, was wiederum eine Verengung der Arterien bedingen kann.*
>
> *Die in der Fachzeitschrift ,Sleep' veröffentlichte WVU-Studie stützte sich auf eine US-weite Untersuchung des Schlafverhaltens von 30.000 Erwachsenen aus dem Jahr 2005.* [11]

In der im Journal *Sleep Medicine* (was es alles gibt!) veröffentlichten Studie werden die gefundenen Unterschiede eindeutig kausal interpretiert, indem schließlich darüber nachgedacht wird, auf welche Weise (z. B. medikamentös) die Schlafdauer von Kurzschläfern verlängert bzw. (z. B. durch Schlafunterbrechung) jene von Langschläfern verkürzt werden könnte, um in das „gesündere" Intervall der

Schlafdauer zu gelangen. Demgegenüber wird in der Studie aus der Fachzeitschrift *Sleep* auch nach einer chemischen Begründung für den direkten Einfluss der Schlafdauer auf die Gesundheit gesucht. Aber ist es tatsächlich nicht naheliegend (Achtung: ich spekuliere jetzt nur), dass ein dritter Faktor beide Merkmale, die Schlafdauer und die Gesundheit, gleichermaßen steuert? Könnte sich nicht einerseits beispielsweise ein Berufs- oder Privatleben, in dem man durch (zu) hohe Verantwortung oder starken emotionalen Stress so unter Druck gerät, dass man kaum schlafen kann, negativ auf die Gesundheit auswirken? Und könnte nicht andererseits ein beruflicher wie privater Alltag, der einen jeden Abend „todmüde" ins Bett fallen lässt, auch auf Dauer gesundheitsschädlich sein? Dann wäre es im Hinblick auf die Gesundheit möglicherweise effektiver, die Ursache der kurzen oder langen Schlafdauer zu ändern, als lediglich z. B. durch Einnahme von Medikamenten dafür zu sorgen, dass man länger als bisher schläft. Vielleicht kann man ja gerade deshalb die Gründe für die Verbindung zwischen Schlafdauer und Herzerkrankungen nicht eindeutig bestimmen, weil es keine direkte Verbindung zwischen diesen beiden Merkmalen gibt.

Unabhängig davon, ob dieser Erklärungsversuch stimmt oder nicht, kann auch mit diesem Beispiel demonstriert werden, dass über die Begründung der in Daten gefundenen Unterschiede eigens nachgedacht werden muss. Hängen Schlafdauer und Gesundheit statistisch zusammen? – Ja. Hängt also die Gesundheit ursächlich von der Schlafdauer ab? – Nicht unbedingt.

5.2 Die Logik des statistischen Signifikanztests

Ergebnisse von empirischen Untersuchungen haben grundsätzlich nur einen Wert, wenn sie durch eine die Resultate
erklärende Theorie vorausgesagt werden können. Deshalb
ist es Bestandteil der Handlungslogik des statistischen Testens von Hypothesen, dass zuerst eine zu prüfende und inhaltlich begründete Forschungshypothese zu formulieren
ist (Eins-, Alternativhypothese). Der nächste Schritt besteht
darin, das Gegenteil dieser neuen Hypothese vorderhand
als richtig zu betrachten (Nullhypothese), damit nichts zum
Bestandteil unseres „Wissens" werden kann, was bislang
lediglich behauptet wurde. In diesem Sinne ähnelt das statistische Testen von Hypothesen einem Indizienprozess im
Strafrecht. Dort ist zu prüfen, ob ein Angeklagter schuldig
ist. Bis zum Nachweis dieser Schuld hat er aber – zumindest in zivilisierten Staaten – als unschuldig zu gelten. Man
spricht in diesem Zusammenhang von der Unschuldsvermu-
tung.

Der nächste Schritt in der Handlungslogik des Signi-
fikanztestens entspricht der Indiziensammlung in einem
Indizienprozess des Strafrechtes (Zeugeneinvernahmen,
Prüfung von Alibis etc.). Das Indiziensammeln erfolgt im
Rahmen des statistischen Prozesses durch das Erheben
von Daten zur interessierenden Fragestellung in einer
Zufallsstichprobe (Box 6.1) aus der zugrunde liegenden
Grundgesamtheit. Mit den Daten einer solchen Stichprobe
wird dann eine statistische Testgröße berechnet und danach
gefragt, ob sie ein starkes Indiz gegen die Nullhypothese
darstellt. Dabei übernimmt die statistische Theorie die Aufgabe dieser Einschätzung, indem sie jene Schranken für die
Testgröße festlegt, welche die schwachen von den starken
Indizien trennen. Bei der Bestimmung dieser Bereiche wird
eine vorab festgelegte Fehlerwahrscheinlichkeit dafür eingehalten, sich für die Forschungshypothese zu entscheiden,
obwohl sie tatsächlich nicht zutrifft. Dieser Fehler wird als
schwerwiegender erachtet als der Fehler, der auftritt, wenn

man sich irrtümlich gegen eine *richtige* Forschungshypothese entscheidet. Die Fehlerwahrscheinlichkeit für den ersten möglichen Fehler wird als Signifikanzniveau des Tests bezeichnet. Sie soll klein gehalten werden und wird häufig bei 5 Prozent fixiert. Die Wahrscheinlichkeit für den zweiten möglichen Fehler wird im Rahmen des Signifikanztestens nicht extra festgelegt. Sie wird aber unter sonst gleichen Bedingungen umso kleiner sein, je größer der Stichprobenumfang der Erhebung ist.

Innerhalb der Handlungslogik des statistischen Signifikanztestens ist man nur dann bereit, sich für die Einshypothese zu entscheiden, wenn starke Indizien gegen die Nullhypothese vorliegen. Liegt ein Testergebnis im Bereich der schwachen Indizien gegen die Nullhypothese – man nennt diesen Wertebereich auch ihre „Beibehaltungsregion" –, dann entscheidet man sich für die Beibehaltung der Nullhypothese und gegen die Einshypothese („im Zweifel für den Angeklagten"). Liegt die Testgröße aber im Bereich der starken Indizien gegen die Nullhypothese, das ist deren „Ablehnungsregion", dann ist man bereit, sich bis auf Weiteres gegen deren Beibehaltung und für das Akzeptieren der Einshypothese auszusprechen. Ein solches Testergebnis wird als „signifikant" bezeichnet.

Soll beispielsweise anhand einer einfachen Zufallsstichprobe von 500 Personen aus der wahlberechtigten Bevölkerung die Forschungshypothese geprüft werden, ob sich der Stimmenanteil einer Partei seit der letzten Wahl, bei der sie 28,0 Prozent der Stimmen erhielt, verändert hat, dann errechnet die statistische Theorie das Intervall von 24,1– 31,9 Prozent Zustimmung für diese Partei in der Stichprobe als Beibehaltungsregion dafür, dass sich nichts verändert hat. Nur Stichprobenergebnisse größer als die Ober- und kleiner als die Untergrenze werden bei einem so geringen Stichprobenumfang als starkes Indiz gegen das Gleichbleiben des Stimmenanteils gewertet und somit als signifikant ausgewiesen (vgl. Quatember 2014, Abschn. 3.4.2).

Um überhaupt solche Schlussfolgerungen wie bei den Untersuchungen zur Schlafdauer ziehen zu können, müssen bei einer Stichprobenerhebung für einen statistischen Signifikanztest genügend Versuchspersonen in der Stichprobe sein. Dass das in der nachfolgenden „Untersuchung" nicht der Fall war, steht völlig außer Streit:

Nach dem Essen soll man tausend Schritte tun – dieser Spruch kommt nicht von ungefähr, denn nach dem Schlemmer-frühstück passen sich die Gefäße der Armschlagader deutlich schlechter an Blutdruckschwankungen an als nach dem gesunden Frühstück. Ein fettreiches Essen kann man deshalb nur durch anschließende Bewegung wieder wettmachen. Nach einem deftigen Mahl sehen die Arterien gesunder Menschen nämlich so aus wie die einer herzkranken Person, aber nach anschließendem Joggen wirken sie wieder fit und gesund und stehen den Gefäßen von Personen, die sich fettarm ernähren um nichts nach.

Das belegt eine amerikanische Untersuchung an acht gesunden und aktiven Versuchsteilnehmern im Alter von 25 Jahren. Sie verzehrten entweder ein Frühstück mit hohem Fettgehalt (Eier, Würstchen, Bratkartoffeln) oder eine Niedrig-Fett-Mahlzeit (Getreide, Magermilch, Orangensaft). [12]

Im ersten Absatz wird die positive Auswirkung von Bewegung nach dem Essen beschrieben. Doch diese Auswirkung wird „belegt" durch die im zweiten Absatz zitierte US-amerikanische Untersuchung an – jetzt halten Sie sich fest – acht Versuchsteilnehmern! Vier haben üppig und vier haben gesund gefrühstückt. Mit nur je vier Versuchspersonen in den Vergleichsgruppen lässt sich aber alles beweisen. Die einen machen dies, die anderen das, bei den einen wird danach dieses, bei den anderen jenes gemessen. Irgendeinen Unterschied wird es immer geben. Und dieser „belegt" dann die Gültigkeit bestimmter Vermutungen für eine bestimmte Grundgesamtheit, die Bevölkerung, die Menschheit oder gleich das ganze Universum!

Doch so einfach ist das nicht! Bei acht nicht zufällig aus einer interessierenden Population ausgewählten Personen, die lediglich auszeichnet, dass sie sich im Hinblick auf ihr Alter, ihre Gesundheit und ihre Aktivitäten geähnelt haben, finden sich wohl kaum so große Unterschiede in den beiden Gruppen, dass daraus die angegebenen Schlussfolgerungen statistisch signifikant gezogen werden können. Und außerdem: Wer joggt schon gerne mit vollem Magen?

Im nachfolgenden Beispiel wird ein durchaus vorsichtig formuliertes Forschungsergebnis eines statistischen Signifikanztests über einen Zusammenhang erst in den Medien schlagzeilenwürdig gemacht. Denn obwohl in regelmäßigen Abständen Studien veröffentlicht werden, in denen nachgewiesen wird, dass Rotweintrinker (wahlweise auch Weißwein-, Bier- oder Schnapstrinker) gesünder leben, klüger oder geselliger sind, gibt es durchaus Forscher, die sich mit solchen Aussagen eher zurückhalten. Das wissenschaftliche Originalpapier zum Zeitungsartikel entstammt der amerikanischen Fachzeitschrift *Archives of International Medicine*. Die Schlagzeile über dem Zeitungsartikel lautet: „Rotweintrinker sind klüger und gesünder". Überprüfen Sie den (Alkohol-) Gehalt dieser Überschrift am besten selbst:

Rotweintrinker sind im Schnitt gesünder, gebildeter und wohlhabender als Bier- und Schnapskonsumenten – allerdings

*nicht als Folge ihrer Getränkewahl. Das zeigt eine Studie in
der US-Fachzeitschrift ‚Archives of Internal Medicine‘.*

*Studienleiter Erik Mortensen hat Hunderte Dänen im Al-
ter von 29 bis 34 Jahren untersucht und herausgefunden, dass
Ursache und Wirkung oft verwechselt werden: ‚Die Vorliebe
für Rotwein geht mit einem optimalen gesellschaftlichen, intellektuellen und persönlichen Umfeld einher‘, erklärt er. Nicht
Wein selbst ist gesund, Weintrinker leben generell gesünder
und neigen weniger zu Alkoholmissbrauch als typische Bier-
und Schnapstrinker.* [13]

Im Originalpapier wird vom verantwortlichen Wissenschaftler demzufolge durchaus deutlich gemacht, dass das
Trinken von Rotwein selbst eine Folge jenes „optimalen gesellschaftlichen, intellektuellen und persönlichen" Umfelds
ist, das auch Gesundheit und Ausbildung fördert. Die Zeitung konnte offenbar trotz dieser Erklärung nicht der Ver-
suchung widerstehen, eine weitere Schlagzeile zur direkten
Auswirkung der Getränkewahl auf die Gesundheit zu produzieren. Denn wenngleich die Schlagzeile in sich durchaus
korrekt ist, so suggeriert sie doch einen solchen kausalen
Zusammenhang. Dasselbe Umfeld beeinflusst aber neben
Getränkewahl, Gesundheit und Ausbildung auch die Auswahl des Berufs und darüber wiederum das Einkommen:
Rotweintrinker sind reicher! Mehr Rotwein zu trinken,
wird leider dennoch nicht klüger, gesünder und auch nicht
reicher machen.

Derselben Problematik unterliegen die Erklärungsversu-
che der Ergebnisse der statistischen Signifikanztests einer
Untersuchung, die an der Universität im schottischen Dundee durchgeführt wurde. Eine deutsche Wochenzeitung

berichtete in einem Artikel unter der Schlagzeile „Schon ein bisschen Sport macht schlau" davon, wie diese Studie „wissenschaftlich bestätigt", dass sportliche Betätigung die Schulleistungen von Kindern verbessert. Es heißt:

Manche Sprüche stimmen doch. Dass der gesunde Geist in einem gesunden Körper gedeiht (mens sana in corpore sano), ja sogar besser gedeiht, das hat nun eine Langzeitstudie an der Universität Dundee in Schottland auch wissenschaftlich bestätigt. Forscher [...] haben herausgefunden, dass sportliche Betätigung die Schulleistungen verbessert. Bei 4755 Kindern wurde mithilfe von Sensoren über mehrere Tage gemessen, wie aktiv sie Sport treiben. Zusätzlich wurden ihre Schulleistungen in Englisch, Mathematik und den Naturwissenschaften im Alter von elf, dreizehn und sechzehn Jahren dokumentiert.

Es stellte sich heraus, dass eine moderate bis kräftige sportliche Betätigung im Alter von elf Jahren bessere Leistungen [...] nach sich zog. Die Verbesserungen in Englisch waren für Jungen und Mädchen nachweisbar, in Mathematik ist die Steigerung für Jungen und Mädchen im Alter von sechzehn Jahren belegt, und in den Naturwissenschaften zeigt sich insbesondere bei elf- und sechzehnjährigen Mädchen eine deutliche Korrelation zwischen der Zeit, die mit Sport verbracht wird, und den Schulleistungen. [...] [14]

Wie wurde in der zitierten „Langzeitstudie" nun also festgestellt, dass sportliche Betätigung bessere Leistungen nach sich zog? Dass sich bei elf- und 16-jährigen Mädchen eine deutliche Korrelation zwischen der Zeit, die mit Sport verbracht wird, und den Schulleistungen zeigt, bedeutet wohl, dass in den jeweiligen Gruppen bei mehr sportlicher Betätigung auch statistisch signifikant („deutlich") bessere

Schulleistungen einhergingen, in den anderen Gruppen aber offenbar nicht. Wie schon mehrfach in diesem Kapitel beschrieben, bedeutet dieser statistische Befund jedoch nicht automatisch, dass Sportausübung die Ursache für bessere Schulleistungen sein muss. Es könnte für den mit den Daten dieser Untersuchung errechneten statistischen Zusammenhang auch andere Gründe geben. So könnte er z. B. auch dadurch zu erklären sein, dass die schlechteren Schülerinnen und Schüler von ihren Eltern angehalten werden, doch zu lernen, statt in den Sportverein zu gehen. Dann würden nur die guten Schüler auch Sport treiben. Eine weitere mögliche Erklärung könnte sein, dass Eltern höherer Einkommensschichten mehr Geld für ihre Kinder ausgeben (können). Sie können sie in bessere Schulen und mehr Sportvereine schicken. Dann würden Schülerinnen und Schüler aus reicheren Schichten mehr Sport treiben und in Schulleistungstests möglicherweise bessere Ergebnisse aufweisen als solche aus ärmeren. In diesem Fall würde die Schichtzugehörigkeit hinter dem statistischen Zusammenhang zwischen Sportausübung und Schulleistung stehen.

Ähnliche Ergebnisse zeitigte eine Studie des Zentrums für Gesundheit (ZfG) der Deutschen Sporthochschule Köln, die unter der Überschrift „Tischtennisspieler sind die schlausten Sportler!" online veröffentlicht wurde:

Ergebnisse:
  Sport macht gute Schulnoten!
  Anhand der Ergebnisse wird deutlich, dass offensichtlich ein Zusammenhang zwischen sportlicher Betätigung und Leistungsfähigkeit besteht. Diejenigen die im Vergleich zu inakti-

ven Schülern angaben regelmäßig Sport zu treiben, konnten
im Durchschnitt einen 0,5 Noten besseren Schnitt vorweisen.
Diese Tatsache lässt die Vermutung aufstellen, dass regelmä-
ßige Bewegung zu einem Anstieg der Konzentrations- bzw.
Leistungsfähigkeit führt und ‚bessere' Schulleistungen hervor-
bringt. […]
Fazit:
   So wird das schulische Geschick nicht allein durch den
Fleiß beziehungsweise die Intelligenz des Schülers bestimmt,
sondern hängt stark von dem positiven wie negativen Einfluss
des sozialen Umfelds des Jugendlichen ab. Auch die körperliche
Betätigung kann in diesem Zusammenhang einen entschei-
denden Beitrag leisten. Die richtige Sportart führt offensicht-
lich zu einem anderen Lernerfolg, weil spezielle Ressourcen
und Stärken herausgearbeitet werden, von denen Kinder auch
in der Schule profitieren. Deswegen sollte nicht nur Nachhil-
fe auf dem Programm schlechter Schüler stehen – die Eltern
sollten ihre Kinder einfach im richtigen Sportverein anmel-
den. [15]

Geradezu vorbildlich vorsichtig wird von den Studienauto-
ren darauf hingewiesen, dass sich nur die Vermutung aufstellen lässt, regelmäßige Bewegung wirke sich positiv auf
die Schulleistungen aus. Im Fazit betonen sie dann, dass
neben dem Fleiß z. B. auch das soziale Umfeld das schulische Geschick bestimmt und nur unter anderem auch die
körperliche Betätigung in diesem Zusammenhang einen
entscheidenden Beitrag leisten kann. Der abschließende
Tipp, dass die Eltern schlechter Schüler diese einfach im
richtigen Sportverein anmelden sollten, ist dann allerdings
doch unerwartet eindimensional.

Ein Beispiel für die von der Handlungslogik des statistischen Testens nicht gedeckte Vorgehensweise des forschungshypothesenfreien Alles-mit-allem-Testens (Box 5.3) „würdigte" eine deutsche Wochenzeitung unter dem Titel „Gefühlte Zukunft" und dem Zusatz „Prognose: Auch 2011 wird es keinen Beweise für Psi geben" auf die ihm gebührende Weise:

Wird unser Verhalten durch Ereignisse beeinflusst, die in der Zukunft liegen? Zumindest wird die wissenschaftliche Diskussion manchmal durch Artikel angeregt, die noch gar nicht veröffentlicht sind. Psychologen diskutieren derzeit eine Arbeit von Daryl Bem von der amerikanischen Cornell University, die in der Fachzeitschrift Journal of Personality and Social Psychology erscheinen soll. Ihr Titel: Feeling the Future, zu Deutsch: ‚Die Zukunft fühlen'.

Der Psychologe behauptet, einen Beweis für die Präkognition erbracht zu haben, also dafür, dass Menschen Kenntnisse von zukünftigen Ereignissen haben können. Gleich neun unterschiedliche Experimente machte der Forscher, und in acht von ihnen behauptet er, kleine, aber statistisch signifikante Psi-Effekte gefunden zu haben.

Einer dieser Versuche: Den Testpersonen werden auf einem Bildschirm zwei zugezogene Vorhänge präsentiert. Hinter einem ist ein erotisches Bild verborgen, hinter dem anderen nur eine nackte Wand. In 53 Prozent der Fälle errieten die Probanden den Vorhang mit dem Sexbildchen. Dabei wurde erst nach ihrer Entscheidung per Zufallsgenerator festgelegt, wo das Bild steckte. Ein klarer Fall von Hellseherei?

Wenn das tatsächlich funktionierte, müssten längst alle Spielcasinos dieser Welt pleite sein. Ein Vorteil von 53 Prozent bei der Wahl zwischen Rot und Schwarz würde jeden Zocker reich machen. Der Forscher erklärt den Effekt damit, dass erotische Bilder uns besonders sensibel machen für die Zukunft. Skeptiker von der Universität Amsterdam zeigten nun, dass der Grund viel banaler sein könnte: Bem untersuchte nämlich nicht nur erotische Bilder auf ihre Psi-Wirkung, sondern auch ein paar andere Kategorien – und pickte sich just den Bildersatz heraus, bei dem er einen Effekt messen konnte. Das gleicht dem berühmten texanischen Scharfschützen, der erst aufs Scheunentor schießt und dann eine Zielscheibe um das Einschussloch herum malt. [16]

Der US-amerikanische Forscher hatte bei dem angesprochenen Vorhangexperiment offenbar keine vorab formulierte Forschungshypothese in der Art, dass erotische Bilder uns besonders sensibel für die Zukunft machen. Das ist lediglich die nachgeschossene Erklärung für das gefundene Testergebnis und keine Theorie, die überprüft wurde. Einmal wurde vielleicht geprüft, ob das Verbergen von Landschaftsbildern, einmal das von Meeresstränden, einmal das von verschiedenen VIPs oder von Haustieren und so weiter und einmal das von erotischen Bildern von den Versuchspersonen „vorhergefühlt" wird. Die Konsequenz aus dieser „Versuchsanordnung": Wenn – wie zu vermuten steht – immer nur geraten wurde (also kein Psi!), dann *musste* (das ist fundierte „gefühlte Zukunft"!) bei einem Signifikanzniveau von 5 Prozent im Schnitt einer von 20 solchen Tests ein (dann: falsches) signifikantes Testergebnis liefern. Genau deshalb muss im Hinblick auf eine seriöse Anwendung darauf geachtet werden, dass nur wenige, dafür vorab formulierte und durch eine erklärende Theorie ausgezeichnete Forschungshypothesen getestet werden. Die hier nachgeschossene inhaltliche „Theorie", dass uns erotische Bilder besonders sensibel für die Zukunft machen, hatte, wenn sie überhaupt eine ist, nie die Chance, widerlegt zu werden! Und wenn nicht bei den erotischen Bildern, sondern bei den Landschaften eine signifikant vom reinen Raten abweichende Trefferquote festgestellt worden wäre, hätte man ja versuchen können, diesen Effekt ähnlich „fundiert" zu erklären.

5.3 Das forschungshypothesenfreie Alles-mit-allem-Testen

Eine ganz bestimmte Vorgehensweise beim Signifikanztesten wurde durch die Verwendung von Statistiksoftware überhaupt erst möglich. Es handelt sich dabei um das forschungshypothesenfreie Alles-mit-allem-Testen (vgl. Quatember 2014, Abschn. 3.13). Damit ist gemeint, dass die z. B. aus einer großen Erhebung vorliegenden Daten einfach nach allen Regeln der statistischen Kunst „ausgequetscht" und auf Signifikanzen abgesucht werden. Dies widerspricht jedoch eindeutig der Handlungslogik des statistischen Testens mit der Überprüfung vorab formulierter und durch eine Theorie inhaltlich gestützter Forschungshypothesen (Box 5.2). Dabei ist „der Witz [...], dass wir stets etwas Besonderes finden, wenn wir nicht nach etwas Bestimmtem suchen. Irgendwelche Muster entstehen letztlich immer. [...] Interessant sind sie nur, wenn eine Theorie sie vorhergesagt hat. Deshalb gehört es zum Standard wissenschaftlicher Studien, dass erst das Untersuchungsziel und die Hypothese angegeben werden müssen und dann die Daten erhoben werden. Wer aber nach irgendwelchen

Mustern in Datensammlungen sucht und anschließend seine Theorien bildet, schießt sozusagen auf die weiße Scheibe und malt danach die Kreise um das Einschussloch" (von Randow 1994, S. 94). Eine – wenn überhaupt – nachträglich auf Basis signifikanter Testergebnisse dieser forschungshypothesenfreien Vorgehensweise formulierte Theorie zur Erklärung dieser Ergebnisse hatte aber nie die Chance, innerhalb des statistischen Testkonzepts nicht angenommen zu werden.

Ein solches Nichteinhalten der in Box 5.2 beschriebenen korrekten Vorgehensweise bei Signifikanztests lässt sich in veröffentlichten Studienergebnissen oftmals sehr einfach daran erahnen, dass die „Forscher" ihre statistisch signifikanten Testergebnisse gar nicht erklären können. Wenn man aber die Ergebnisse hinterher nicht erklären kann, konnte man vorher keine diese Ergebnisse erklärende Theorie aufgestellt haben.

Unter der Überschrift „Riechen & Hören: Im Liegen schlechter" liest man beispielsweise in einer österreichischen Autofahrerzeitschrift folgenden Text:

Im Liegen ist die Nase weniger empfindlich, haben kanadische Forscher herausgefunden. Auch das Hörvermögen und die räumliche Wahrnehmung sind beeinträchtigt – die Gründe dafür aber noch völlig unklar. [17]

Die kanadischen „Forscher" hatten keinerlei Theorie, die im Rahmen einer statistischen Erhebung getestet werden sollte. Aber eine Erklärung für das empirisch Gefundene angeben zu können, ist wohl die Mindestanforderung an redliche Forschung. Im Liegen sind Nasen und Ohren also weniger empfindlich? – Irre! Und warum? – Keine Ahnung! Na toll! Vielleicht ja nur, weil man darauf liegt.

Was denken Sie über folgenden Text, der unter der Schlagzeile „Durchfall stört Intelligenz" in einer österreichischen Tageszeitung erschienen ist:

> *Häufiger Durchfall im Kleinkinderalter kann die Entwicklung der Intelligenz beeinträchtigen. Das ergab eine amerikanische Studie. Warum das so ist, konnten die Forscher allerdings nicht erklären.* [18]

Wer ein Ergebnis nicht erklären kann, hat nichts gefunden. Durchfall im Kleinkinderalter hängt statistisch mit der Entwicklung der Intelligenz zusammen. Aha, und jetzt?

Die gleiche Frage stellt sich, wenn man folgenden Artikel, ebenfalls aus einer österreichischen Tageszeitung, mit der Überschrift „Wer frühstückt, ist später sexuell aktiv" liest:

> *Einen Zusammenhang zwischen Frühstück und sexueller Aktivität haben japanische Forscher herausgefunden: Jugendliche, die auf ihr Frühstück verzichten, erleben ihr erstes Mal im Schnitt mit 17 Jahren. Wer regelmäßig frühstückt, macht seine ersten sexuellen Erfahrungen erst mit 19 Jahren.* [19]

Es kann aber auch umgekehrt sein: Jugendliche, die schon früh ihre (nächtlichen) sexuellen Erfahrungen machen, haben weniger Zeit zum Frühstücken. Eines aber scheint klar: Japanische „Forscher" schaffen es mit solchen unerklärlichen Ergebnissen in europäische Zeitungen. Und in diesen wird der Unsinn gelesen, und man denkt sich: „Mit Statistik lässt sich alles beweisen." Und mein Kommentar dazu lautet: Nur mit falsch verwendeter, errechneter und interpretierter Statistik lässt sich alles beweisen!

Quellen (Zugriff: 31. Juli 2014)

1. http://diepresse.com/home/wirtschaft/economist/1328557/2012_Rekord-bei-Arbeitslosen-und-Beschaeftigten

2. „OÖN-Tips", 5. Woche 2004 (eingescanntes Original zu finden auf: http://www.jku.at/ifas/content/e101235/e101329/e106957/prozentangaben13.pdf)

3. „Kronen Zeitung". 31. Dezember. 2006, S. 54

4. „Österreich". 1. November. 2006, S. 3

5. Eingescanntes Original zu finden auf: http://www.jku.at/ifas/content/e101235/e101339/e107850/repraesentativitaet2.pdf

6. Siehe dazu den Screenshot auf: http://www.jku.at/ifas/content/e101235/e101339/e107847/repraesentativitaet7.pdf

7. „Neues Volksblatt", 17. Januar 1987 (eingescanntes Original zu finden auf: http://www.jku.at/ifas/content/e101235/e101338/e107837/katalysatorenundaids.pdf)

8. „Gesund & Vital", 5. Juli 2000 (eingescanntes Original zu finden auf: http://www.jku.at/ifas/content/e101235/e101338/e107839/statistischezusammenhaenge4.pdf)

9. http://www.spiegel.de/wissenschaft/mensch/laender-mit-hohem-schokoladenkonsum-erhalten-mehr-nobelpreise-a-860761.html

10. „Heute". 26, März 2007, S. 8

11. http://orf.at/stories/2018341/2018349

12. „OÖN-Tips", 41. Woche 2006, S. 31

13. „Kronen Zeitung", 15. August 2001 (eingescanntes Original zu finden auf: http://www.jku.at/ifas/content/e101235/e101338/e107838/statistischezusammenhaenge3.pdf)
14. „Die Zeit", 19. Dezember. 2013, S. 67
15. http://www.ingo-froboese.de/blog/tischtennisspieler-sind-die-schlausten-sportler/
16. „Die Zeit", 30. Dezember. 2010, S. 35
17. „Auto Touring", Ausgabe April 2006, S. 82
18. „Oberösterreichische Nachrichten", 27. Dezember 2003 (eingescanntes Original zu finden auf. http://www.jku.at/ifas/content/e101235/e101343/e107871/testen1.pdf)
19. „Kronen Zeitung", 28. Dezember. 2008, S. 8

Literatur

Payne GC, Payne RE, Farewell DM (2008) Rugby (the religion of Wales) and its influence on the Catholic Church. Should Pope Benedict XVI be worried? Br Med J. http://www.bmj.com/content/bmj/337/bmj.a2768.full.pdf. Zugegriffen: 31. Juli 2014

Quatember A (2014) Statistik ohne Angst vor Formeln, 4. Aufl. Pearson Studium, München

von Randow G (2004) Das Ziegenproblem. Denken in Wahrscheinlichkeiten. Rowohlt, Reinbek

6
Die Repräsentativitätslüge

Haben Sie schon einmal vor Wahlen in Zeitungen verfolgt, wie in kurzen Abständen immer wieder neue Umfrageergebnisse zum Wahlausgang veröffentlicht werden? Dann ist Ihnen sicherlich aufgefallen, dass sich von einer Umfrage zur anderen die Stimmenanteile der einzelnen Parteien in den Umfragen kaum ändern. Höchstens ein Prozentpunkt Unterschied zur letzten Umfrage ist normal („Partei A hatte vor zwei Wochen einen Stimmenanteil von 28 Prozent und konnte in der neuen Umfrage auf 29 Prozent zulegen"); zwei Prozentpunkte Unterschied kommen sehr selten vor. Das klingt plausibel, denn warum sollte sich die „Parteienlandschaft" innerhalb einer so kurzen Zeitspanne stärker ändern?

Aus der Sicht der schließenden Statistik sind jedoch solche Umfrageergebnisse mit großer Skepsis zu betrachten. Denn wenngleich sich die wahren Stimmenanteile in der Population der Wahlberechtigten in so kurzen Abständen tatsächlich nur selten stärker ändern, trifft das nicht auch auf die Ergebnisse in unabhängigen *Stichproben*erhebungen zu. Denn Stichprobenergebnisse können schwanken. Und *so* gering ist ihre natürliche Schwankung bei den herkömmlichen Stichprobenumfängen der Markt- und Meinungsforschung nicht- selbst wenn die Verhältnisse in der Population von einem Zeitpunkt zum nächsten völlig gleich bleiben würden.

Hat eine Partei z. B. tatsächlich einen Anteil von 28 Prozent, dann kann man sich der Wahrscheinlichkeitsrechnung folgend vom Stichprobenergebnis dieser Partei bei 500 Befragten lediglich erwarten, dass ihr Stimmenanteil in der Stichprobe mit hoher Wahrscheinlichkeit zwischen 24,1 Prozent und 31,9 Prozent liegen wird (vgl. z. B. Quatember 2014a, Abschn. 3.4.1). Das kommt Ihnen ungenau vor? Das mag sein, aber so schwanken Stichprobenergebnisse eben, wenn man nur 500 zufällig ausgewählte Erhebungseinheiten von mehreren Millionen Wahlberechtigten in der interessierenden Grundgesamtheit befragt. Will man es genauer haben, muss man einen höheren Stichprobenumfang wählen. Wenn nun aber zwei Wochen später – nehmen wir einmal an – aus der völlig unveränderten Grundgesamtheit wieder eine solche Stichprobe unabhängig von der ersten gezogen wird, würden Sie dann erwarten, dass das Ergebnis von der ersten bei jeder Partei nur um maximal einen Prozentpunkt abweicht, wenn Sie die oben beschriebene Stichprobenschwankung bedenken? – Natürlich nicht! Stichprobenergebnisse schwanken bei solchen Stichprobenumfängen offenbar viel stärker. Verstehen Sie jetzt, warum die sich gewöhnlich nur sehr gering unterscheidenden Ergebnisse aufeinanderfolgender Umfragen „leicht verwundern"?

6.1 Das Konfidenzintervall

Ergebnisse von Stichprobenerhebungen können natürlich nur Schätzungen der eigentlich interessierenden Ergebnisse (die Parameter) in der Grundgesamtheit liefern. Voraussetzung für den Rückschluss von den Stichprobenergebnissen auf die wahren Verhältnisse auf wahrscheinlichkeitstheoretischer Basis ist die sogenannte Repräsentativität der Stichprobe im Hinblick darauf (Box 6.2). Diese benötigt zur Auswahl der Erhebungseinheiten für die Stichprobe die Verwendung einer jener Methoden, die unter dem Begriff „Zufallsstichprobenverfahren" zusammengefasst sind (vgl. z. B. Quatember 2014b). Das einfachste dieser Stichprobenverfahren ist die sogenannte einfache (oder auch: uneingeschränkte) Zufallsauswahl. Eine solche basiert auf gleichen Auswahlwahlchancen für alle Elemente der Grundgesamtheit. Die einfache Zufallsauswahl wird in der Statistik durch das sogenannte Urnenmodell symbolisiert (Abb. 6.1): Die in einer Urne befindlichen Kugeln werden vor dem Ziehungsvorgang (wie die Kugeln im Lotto) durchgemischt und dann von diesen Kugeln der Reihe nach so viele ohne Zurücklegen entnommen, wie es dem gewünschten

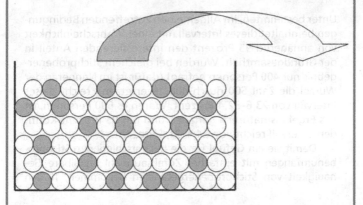

Abb. 6.1 Urnenmodell einer einfachen Zufallsauswahl

Stichprobenumfang entspricht. In der Realität der Umfrageforschung wird dieser Ziehungsvorgang elektronisch aus einer vorhandenen Liste oder durch zufällige Bestimmung von Telefonnummern nach einem ausgeklügelten Zufallsmechanismus durchgeführt.

Basierend auf dem Urnenmodell lässt sich mithilfe der Wahrscheinlichkeitstheorie aus der Information über den Stichprobenumfang und beispielsweise den Stichprobenanteil einer interessierenden Eigenschaft ein Intervall bestimmen, das mit hoher Wahrscheinlichkeit (in der Regel 95 Prozent) den unbekannten, aber interessierenden Anteil dieser Eigenschaft in der Grundgesamtheit überdeckt. Weisen in einer einfachen Zufallsstichprobe von 500 Personen 28,0 Prozent eine bestimmte Eigenschaft auf (z. B. die, eine bestimmte Partei wählen zu wollen), dann ergibt sich bei der näherungsweisen Berechnung des Konfidenzintervalls zur Sicherheit von 95 Prozent unter der Annahme annähernd normalverteilter Stichprobenanteile eine Untergrenze von 24,1 Prozent und eine Obergrenze von 31,9 Prozent (vgl. z. B. Quatember 2014a, Abschn. 3.4.1):

$$0,280 \pm 1,96 \cdot \sqrt{\frac{0,280 \cdot (1-0,280)}{500}} = [0,241; 0,319].$$

Unter bestimmten, im Allgemeinen zutreffenden Bedingungen beinhaltet dieses Intervall mit einer Wahrscheinlichkeit von annähernd 95 Prozent den interessierenden Anteil in der Grundgesamtheit. Wurden bei gleichem Stichprobenergebnis nur 400 Personen befragt (dafür ist im Nenner in der Wurzel die Zahl 500 durch 400 zu ersetzen), reicht dieses Intervall von 23,6–32,4 Prozent. Waren es 600 Personen, ist das Ergebnis natürlich genauer, und das 95 Prozent-Konfidenzintervall reicht von 24,4–31,6 Prozent.

Damit Sie ein Gefühl für die bei verschiedenen Stichprobenumfängen mit einfacher Zufallsauswahl erzielbare Genauigkeit von Stichprobenergebnissen bekommen, finden

Sie in folgender Aufstellung für weitere verschiedene Stichprobenumfänge die Grenzen und Breiten der 95 Prozent-Konfidenzintervalle für den wahren Stimmenanteil einer Partei, wenn ihr Stichprobenanteil jeweils 28 Prozent beträgt:

Stichprobenumfang	Untere Grenze	Obere Grenze	Breite
100	19,2	36,8	17,6
300	22,9	33,1	10,2
500	24,1	31,9	7,9
700	24,7	31,3	6,7
1.000	25,2	30,8	5,6
2.000	26,0	30,0	3,9
5.000	26,8	29,2	2,5

(Anmerkung: Die Ergebnisse sind auf eine Stelle nach dem Komma gerundet. Durch das Runden können die angegebenen Breiten der Konfidenzintervalle von der Differenz zwischen oberer und unterer Grenze um 0,1 abweichen.) Dabei soll nicht unerwähnt bleiben, dass das Urnenmodell als solches natürlich einen Idealzustand darstellt, der in der Praxis mit möglicherweise falschen Angaben und Teilnahmeverweigerungen nicht erreicht wird. Aber auch für das Auftreten von Antwortausfällen hält die Statistik Methoden bereit, um diese zu kompensieren (vgl. z. B. Quatember 2014b, Abschn. 3.4).

Auch andere Methoden der Stichprobenziehung sind möglich. So kann die Grundgesamtheit vor der Ziehung z. B. in mehrere Teile zerlegt werden (zum Beispiel in die Teile der Männer und Frauen) und danach aus jedem der so entstandenen Teilgesamtheiten eine einfache Zufallsstichprobe gezogen werden. Eine solche Vorgehensweise wird geschichtete Zufallsauswahl genannt. Unter dem Aspekt der Erhöhung der Genauigkeit der Stichprobenresultate können den einzelnen Elementen der Grundgesamtheit auch unterschiedliche Auswahlwahrscheinlichkeiten zugeordnet werden. Basis all dieser Zufallsstichprobenverfahren ist jedoch die einfache Zufallsauswahl. Die mit verschiedenen Zufallsstichprobenverfahren erzielbaren unterschiedlichen Genauigkeiten manifestieren sich klarerweise in unterschiedlichen Formeln z. B. bei der Berechnung von Konfidenzintervallen.

Seriöserweise sollte die Genauigkeit der gewonnenen Stichprobenergebnisse als Qualitätsmerkmal einer Stichprobenerhebung in die Veröffentlichung miteinbezogen werden. Zu diesem Zweck könnte ganz einfach der Stichprobenumfang angegeben werden. Noch informativer wäre es selbstverständlich, die dazugehörigen Konfidenzintervalle zu liefern. Dies würde allerdings bei den häufig verwendeten niedrigen Stichprobenumfängen zur Angabe entlarvend breiter Intervalle führen, die ungenaue Stichprobenergebnisse charakterisieren. Größere Stichprobenumfänge würden Umfragen andererseits verteuern – das Umfragendilemma.

Eine außergewöhnlich ausführliche Dokumentation einer von einer Tageszeitung in Auftrag gegebenen Umfrage findet sich in selbiger unter dem Titel „Momentaufnahme der politischen Stimmung":

Die OÖNachrichten und das Linzer Marktforschungsinstitut Spectra haben für den regelmäßig erscheinenden Politik-Barometer strenge Qualitätskriterien aufgestellt:

Die Stichprobe: *Der OÖN-Politik-Barometer basiert auf der Befragung von 700 Personen in Oberösterreich und nicht, wie vielfach üblich, auf der Befragung von 500 oder gar nur 400 Personen. Diese geringen Stichproben sind zwar ausreichend, um solide Ergebnisse in der klassischen Marktforschung zu erhalten, in der Politik spielen aber insbesondere* *bei der ‚Sonntagsfrage' einige wenige Prozentpunkte auf oder ab eine entscheidende Rolle. Daher hat unsere OÖN-Politik-Barometer die Schwankungsbreite mit der Stichprobe von 700 Personen auf maximal plus/minus 3,8 Prozent reduziert. [...]*

Die Prognose: Wir wollen die Sonntagsfrage nicht als Prognose verstanden wissen, die bereits ein, zwei oder drei Wochen vor der Wahl voraussagt, wie die Oberösterreicher wählen werden, sondern als einen Stimmungsindikator, wie die Parteien in der Gunst der Bevölkerung liegen – und zwar zum Zeitpunkt der Befragung.

Die Interpretation: Wir weisen in unserer Sonntagsfrage die Schwankungsbreite aus, wir liefern zu den anderen Ergebnissen die nötige Interpretation. Somit bietet der OÖN-Politik-Barometer eine detaillierte Momentaufnahme der politischen Stimmung in Oberösterreich. [1]

Die angegebene maximale Schwankungsbreite bei der „Sonntagsfrage" nach dem Wahlverhalten würde auftreten, wenn eine Partei 50 Prozent der Stimmen auf sich vereinen könnte, weil Prozentsätze um 50 Prozent im Vergleich zu kleineren oder auch größeren in den Stichproben stärker streuen. Geradezu als vorbildlich sind ferner die Beschreibung der Stichprobe, die Interpretation der Stichprobenergebnisse als Stimmungsbild und nicht als „Prognose" und die Miteinbeziehung der Ungenauigkeit der Stichprobenergebnisse in ihre „Interpretation" zu bezeichnen. Die Aussagen der zu diesem Artikel gehörenden grafischen Darstellung der Umfrageergebnisse in Abb. 6.2 können die danach erwartete Qualität jedoch nicht halten, weil in den darin angegebenen Intervallen für die einzelnen Parteien tatsächlich gerade *nicht*, wie behauptet, die jeweilige Schwankungsbreite ausgewiesen wird [1].

Abb. 6.2 Stichprobenergebnisse schwanken stärker als angegeben! [1]

Das Konfidenzintervall für den wahren ÖVP-Anteil in der wahlberechtigten Bevölkerung, in dem dieser bei einer Vollerhebung mit 95prozentiger Sicherheit liegen würde, beträgt bei einem Stichprobenergebnis von angenommenen 46,0 Prozent beispielsweise

$$0,460 \pm 1,96 \cdot \sqrt{\frac{0,460 \cdot (1-0,460)}{700}} = [0,423; 0,497]$$

(Box 6.1). Es reicht also von 42,3–49,7 Prozent und nicht, wie in der Abbildung zum dazugehörenden Text suggeriert wird, lediglich von 45 bis 47 Prozent. So stark streuen Stichprobenergebnisse nun mal, dass auch bei 700 Befragten der wahre Prozentsatz durch das 95 Prozent-Konfidenzintervall nur auf ± 3,7 und nicht ± 1,0 Prozentpunkte eingeschränkt werden kann. Aber wenn man aus einer ganzen Population von Wahlberechtigten nur 700 zufällig auswählt, dann lässt sich eine solche Eingrenzung des wahren Anteils der Partei doch sehen.

Auch in einer anderen Tageszeitung wurden Intervalle für die einzelnen Parteien angegeben (Abb. 6.3) [2]. Die Präsentation der Ergebnisse dieser Meinungsumfrage zur Parteienpräferenz der oberösterreichischen Bevölkerung mit diesen Zahlen lässt befürchten, dass die angegebenen Intervalle einfach zum Ausdruck bringen sollen, dass es sich eben um unsichere Stichprobenergebnisse und nicht um Ergebnisse einer Vollerhebung handelt. Zu diesem Zweck wurde offenbar einfach ein Prozentpunkt zum Stichprobenanteil jeder größeren Partei dazu addiert und einer abgezogen. Sieht doch gleich viel seriöser aus. Mit einem statistischen Konfidenzintervall hat das allerdings nichts zu tun (Box 6.1).

Dieses Kapitel soll sich aber gar nicht so sehr mit den verschiedenen Ungenauigkeiten von Stichprobenergebnissen, sondern in erster Linie mit der „sehr speziellen“ Zusammensetzung mancher zum Zweck von Rückschlüssen auf die jeweiligen Grundgesamtheiten erhobenen Stichproben auseinandersetzen. Voraussetzung für diesen wahrscheinlichkeitstheoretischen Rückschluss ist, wie in Box 6.2 beschrieben wird, die Zufallsauswahl der Stichprobeneinheiten. Anders ausgedrückt: Man darf zu diesem Zweck nicht einfach ir-

Abb. 6.3 Konfidenzintervalle ohne Konfidenz [2]

gendwen befragen. Betrachten wir dazu folgenden neutralen Bericht vom Onlinedienst eines Bundeslandstudios des Österreichischen Rundfunks (ORF), veröffentlicht am 23. März 2013 unter der Schlagzeile „Viele Skifahrer sind alkoholisiert", über ein Ergebnis einer „Studie" des Kuratoriums für Verkehrssicherheit:

> *Jeder zwanzigste Ski- und Snowboarder hat über 0,5 Promille Alkohol im Blut. Mit dieser Studie lässt das Kuratorium für Verkehrssicherheit aufhorchen. Bei Skiunfällen mit Fremdverschulden oder Todesfolge spiele Alkohol aber kaum eine Rolle, relativiert die Alpinpolizei.*
>
> *Getestet wurden rund 600 Wintersportler in verschiedenen österreichischen Skigebieten. Laut Kuratorium waren die Tester zur Mittagszeit und um etwa 16.00 Uhr bei Hütten und Liftstationen unterwegs und führten Alko-Tests durch. Das Ergebnis: Alkohol konsumiert hatte jeder fünfte kontrollierte Ski- oder Snowboarder. Jeder 20. hatte über 0,5 Promille Alkohol im Blut.*

In Skigebieten mit vielen Tagesgästen war der Anteil der
Skifahrer, die Alkohol konsumiert hatten, geringer. Wo viele
Wintersportler einen mehrtägigen Urlaub verbringen, wird
an einem Skitag eher Alkohol getrunken, so eine Beobachtung
des Kuratoriums. [3]

In dieser „Studie" des Kuratoriums für Verkehrsicherheit
war jeder 20. von 600 Wintersportlern mit über 0,5 Promille Alkohol im Blut getestet worden. Jeder fünfte hatte
eine gewisse Menge Alkohol konsumiert (dazu gehört natürlich auch ein kleines Bier zum Gulasch beim Mittages-
sen). So weit, so schlecht für die Sicherheit auf den Pisten.
Was bedeutet die Aussage „Die Tester (waren) zur Mit-
tagszeit und um etwa 16.00 Uhr bei Hütten und Liftstationen unterwegs"? Wurden die getesteten Wintersportler
irgendwie zufällig aus allen Pistenbenutzern ausgewählt? In
welchem Verhältnis wurden an den verschiedenen Orten
getestet, mehr bei Hütten oder mehr bei Liftstationen oder
zu gleichen Teilen? Wurde schließlich das richtige Verhältnis
von Pistenfahrern und Hüttenbesuchern um die jeweilige
Zeit durch Gewichtung berücksichtigt? Dies alles sollte bei
einer Erhebung, die sich „Studie" nennt, bedacht werden.
Denn wenn man beispielsweise größtenteils „bei Hütten"
getestet hätte, würde der Anteil der Alkoholkonsumieren-
den in der „Studie" natürlich höher liegen als in der eigentlichen Gesamtheit aller Skifahrer und Snowboarder. Mit-
unter wäre die Stichprobe für die Grundgesamtheit im Hinblick auf den Alkoholkonsum nicht repräsentativ, sondern
stark verzerrt, und die Schlussfolgerung aus den erhobenen
Daten, dass jeder 20. Ski- und Snowboarder über 0,5 Promille Alkohol im Blut hat, wäre Unsinn.

So wie verschiedene Zeitungen die Ergebnisse dieser tatsächlich also nicht im Geringsten repräsentativen Befragung wiedergaben, könnte man den Eindruck gewinnen, dass die Artikel in Tiroler Skihütten verfasst wurden. Eine oberösterreichische Tageszeitung beispielsweise schrieb in ihrer Onlineausgabe unter dem Titel „Jeder fünfte Skisportler fährt alkoholisiert auf unseren Pisten":

Ein alarmierendes Ergebnis hat eine aktuelle Befragung unter Wintersportlern gebracht: Demnach ist jeder fünfte getestete Ski- oder Snowboardfahrer alkoholisiert auf Österreichs Pisten unterwegs. [4]

Wird man als „alkoholisiert" bezeichnet, sobald man Alkohol getrunken hat?

Eine andere österreichische Tageszeitung verbreitete auf Basis dieser „Hüttenbefragung" ebenfalls online unter dem Titel „Jeder fünfte Skisportler ist alkoholisiert auf der Piste" folgenden Unsinn:

So manches große Skigebiet hat sich längst in einen winterlichen Ballermann verwandelt. Doch die Wintersportler lassen es offensichtlich nicht erst im Tal unten krachen. Der Alkohol fließt schon auf der Piste – in Hütten und Bergrestaurants. 20 Prozent aller Skifahrer und Snowboarder sind laut einer Untersuchung des Kuratorium für Verkehrssicherheit (KfV) alkoholisiert. ‚Das heißt, sie sind mit mehr als 0,5 Promille unterwegs'. [5]

Jeder 20. heißt aber nicht 20 Prozent (Box 2.1)! Stellen Sie sich einmal die Realität auf Skipisten vor, wenn tatsächlich jeder fünfte Pistenbenutzer eine solche Menge Alkohol im Blut hätte, dass er mit seinem Fahrzeug auf Straßen im deutsch-sprachigen Raum nicht mehr fahren dürfte (Stand 2014).

In einer weiteren regionalen Tageszeitung führte die Untersuchung online unter der Schlagzeile „Jeder fünfte Skifahrer betrunken unterwegs" zu folgender Aussage:

> *Das Kuratorium für Verkehrssicherheit (KFV) wollte es genau wissen und hat 600 Ski- und Snowboardfahrer zum Alkohol-test gebeten. Das Ergebnis: Jeder fünfte getestete Wintersportler ist alkoholisiert auf Österreichs Pisten unterwegs.* [6]

Auch hier wurden die 20 Prozent der Skifahrer, die eine gewisse Menge Alkohol konsumiert hatten, mit den 5 Prozent der Skifahrer, die über 0,5 Promille im Blut hatten, verwechselt.

Auf der Onlineplattform einer österreichischen Wochen-zeitschrift wurde zum gleichen Zeitpunkt getitelt: „Jeder Fünfte ist betrunken":

> *Viele Wintersportler sind nicht mehr ganz nüchtern auf der Piste unterwegs: 29 Prozent von 600 in (nicht genannten) Skigebieten vom Kuratorium für Verkehrssicherheit (KFV) getesteten Skisportlern waren alkoholisiert, also mit mehr als 0,5 Promille auf den Pisten unterwegs.* [7]

Heißt jetzt „jeder 20." plötzlich sogar 29 Prozent?

Ein deutscher Radiosender berichtete ebenfalls zum Frühlingsbeginn 2013 online unter der in diesem Zusammenhang missverständlich benannten Rubrik „Wissen" den nachfolgenden Absatz unter der Überschrift „Jeder fünfte Skifahrer in Österreich laut Befragung betrunken":

Auf den Skipisten in Österreich sind nach einer Studie einige Skifahrer so betrunken, dass sie nicht mehr Autofahren dürften. Dabei handele es sich zwar nur um einen kleinen Teil der Wintersportler – insgesamt habe aber jeder fünfte Skifahrer Alkohol im Blut. Würden die Sportler über 50 ausgenommen, liege die Zahl noch höher. Von den Jüngeren habe sogar jeder Vierte auf Skiern Alkohol im Blut. [8]

So weit, so richtig, wenn da nicht diese Überschrift wäre. Ist „Alkohol im Blut" etwa das Gleiche wie „betrunken"? Die Schlagzeile muss offenbar schreien. Da kümmert der Alkohol-, äh, Wahrheitsgehalt wenig. Dann könnte man doch gleich mit „Jeder fünfte Skifahrer in Österreich alkoholabhängig" oder sogar mit „Jeder fünfte Skifahrer in Österreich säuft sich zu Tode" titeln, oder? – Na dann, Prost!

6.2   Repräsentative Stichproben

Der Begriff der Repräsentativität einer Stichprobe ist ein statistischer Fachausdruck, der hohe Suggestivwirkung auf die Betrachter von Stichprobenergebnissen ausstrahlt. Mit diesem Term verbindet man generell eine Verallgemeinerbarkeit solcher Resultate auf die interessierende Population. Dabei ist die Vorstellung von der genauen Bedeutung des Begriffs eher vage. Gemeint sei wohl eine gewisse Ähnlichkeit der Stichprobe im Vergleich zur Population. Gerade dadurch gerät der Hinweis auf die Repräsentativität der Stichprobe häufig zur inhaltsleeren Floskel, die lediglich dazu dient, die Qualität der Stichprobe (ob vorhanden oder nicht) nicht zur Diskussion zu stellen.

Eine deshalb nötige weniger vage Definition des Begriffs lautet: Eine Stichprobe ist hinsichtlich einem interessierenden Parameter wie beispielsweise einem Prozentsatz oder einem Mittelwert der Grundgesamtheit repräsentativ, wenn dieser (zumindest: annähernd) unverzerrt geschätzt wird und bei dieser Schätzung auch eine vorgegebene Genauigkeitsanforderung eingehalten wird (vgl. z. B. Gabler und Quatember 2012, S. 18). In dieser Definition wird die Repräsentativität einer Stichprobe durch das statistische Ähnlichkeitskonzept der Unverzerrtheit von Schätzern und durch eine gleichzeitig einzuhaltende Genauigkeitsanforderung beschrieben. Mit dem Qualitätsmerkmal der Repräsentativität wird somit eine Stichprobe ausgezeichnet, die mit ausreichender Präzision durchschnittlich korrekte Schätzungen für interessierende Parameter der Grundgesamtheit liefert.

Implizite Voraussetzungen für einen solchen Rückschluss von der Stichprobe auf die Grundgesamtheit sind demnach

* die Verwendung eines dafür geeigneten Stichprobenverfahrens,
* die Verwendung geeigneter Schätzmethoden für eine (annähernd) unverzerrte Schätzung des interessierenden Parameters,
* die Wahl eines bei gegebenem Stichprobenverfahren und gegebener Schätzmethode ausreichend großen Stichprobenumfanges für die erwünschte Genauigkeit und – nicht zu vergessen –
* die Vermeidung bzw. Berücksichtigung von jenen Fehlern, die nicht durch die Ziehung einer Stichprobe anstelle einer Vollerhebung entstehen wie jene durch Verweigerung der Teilnahme an der Erhebung.

Es sind also einige Faktoren, von denen die Repräsentativität einer Stichprobe abhängt. Basis ist jedenfalls die Wahl eines geeigneten Stichprobenverfahrens. Für den Rückschluss von den Stichprobenergebnissen auf Grundgesamtheiten eignen sich keinesfalls willkürlich zusammengestellte Stichproben, wie dies bei der Befragung von auf der Straße gerade daherkommenden Passanten oder aus einer Schihütte herauskommenden Wintersportlern der Fall wäre. Stichprobenverfahren, die sich dafür eignen, sind die

Zufallsstichprobenverfahren (vgl. z. B. Quatember 2014b, S. 9 f.), wozu beispielsweise die einfache Zufallsauswahl (Box 6.1) gehört. Dabei *muss* natürlich nicht jede Stichprobe repräsentativ für die jeweilige Grundgesamtheit sein. Wurden Daten in einer willkürlichen Stichprobe erhoben, so kann man von einer informativen Stichprobe sprechen, wenn der Erhebungszweck ausschließlich das Einholen von Informationen zum betreffenden Thema und nicht der Rückschluss auf die Population gewesen ist (vgl. z. B. Quatember 2014b, S. 6). Will ein kleiner Lebensmittelhändler beispielsweise nur wissen, welche Waren die Kunden in seinem Geschäft vermissen, um die Attraktivität seines Angebots zu steigern, dann reicht es doch, wenn er einfach eine Gruppe der im Laufe eines Tages zu ihm kommenden Kunden befragt. Ja, es reicht bei diesem Erhebungszweck sogar, wenn er vor allem unzufrieden wirkende Kunden befragt. Eine für die Gesamtbevölkerung repräsentative Befragung wäre dafür doch völlig unnötig.

Betrachten wir nachfolgend unter dem Gesichtspunkt der Qualitätsmerkmale repräsentativer Stichproben (Box 6.2) weitere Beispiele von in Zeitungen wiedergegebenen Resultaten. So fand sich am 28. Dezember 2011 in der Onlineausgabe einer Salzburger Tageszeitung folgender Artikel mit der Schlagzeile „Die bevorzugte Bühne für Verliebte" und der Einleitung: „Die meisten österreichischen Singles träumen davon, den Silvesterabend mit ihrem Traumpartner in Salzburg verbringen zu können":

Sie leben in Salzburg? Schön. Sie sind in einer glücklichen Partnerschaft? Traumhaft. Zumindest träumen davon die meisten Singles in Österreich. Das ist jetzt zumindest schwarz

auf weiß nachzulesen: Die Singlebörse Parship hat 1000 ihrer
Kunden befragt, welche österreichische Stadt sie für die ro-
mantischste halten, um Silvester zu feiern.

Dabei liegt Salzburg mit 37 Prozent unangefochten an der
Spitze [...] Wie sehr die Singles nach der Liebe ihres Lebens
dürsten, bringt aber noch ein weiteres Detail der Umfrage
ans Tageslicht. Dass sich mehr als zwei Drittel (65 Prozent)
für das Jahr 2012 wünschen, ihren Traumpartner zu finden,
überrascht nicht weiter [...] [9]

„Die meisten österreichischen Singles träumen davon, den
Silvesterabend mit ihrem Traumpartner in Salzburg verbringen zu können." Interessant! – Und wie wurde das
festgestellt? Sicherlich durch die Befragung einer Zufallsauswahl aus allen Singles Österreichs! Da diese Personen-
gruppe nicht eigens gelistet ist und auch keine Meldepflicht
am Singlemarkt herrscht, ist dazu zuerst eine Zufallsauswahl aus allen (sagen wir: über 16-jährigen) Österreicherinnen und Österreichern zu ziehen (wie für die sogenannte
Sonntagsfrage über das Wahlverhalten), und dann werden
nur diejenigen weiter befragt, die sich bei der ersten Frage „Single oder nicht Single?" als Singles „outen". Von den
1000 auf diese Weise befragten Singles darf schließlich auf
die Gesamtheit der österreichischen Singles rückgeschlos-
sen werden, wenn es nicht allzu viele Antwortausfälle gibt.

Doch halt, genug geträumt! Die von der Singlebörse
Parship befragten 1000 ihrer Kunden sollen repräsentativ
für alle österreichischen Singles sein? Das glauben die doch
selbst nicht. So träumt ein Teil der nicht „single-gebörsten"
Singles womöglich gar nicht von einer Partnerschaft (egal
ob in Salzburg, Rio oder am Mount Everest). Warum 65

Prozent der Befragten mehr als zwei Drittel sein sollen, das lassen wir besser ganz unkommentiert! Dass sich *nur* 65 Prozent der Kunden einer Singlebörse wünschen, im nächsten Jahr den Traumpartner zu finden, überrascht mich viel mehr.

Das Repräsentativitätsproblem der nachfolgend zitierten „Studie" wird im Bericht der Onlineausgabe einer auflagenstarken österreichischen Tageszeitung unter der Schlagzeile „Ein Viertel der Studenten ist alkoholabhängig" vom 29. September 2010 nicht erkannt:

> *Ein Viertel der heimischen Studenten konsumiert Alkohol ‚in einem sehr hohen, gesundheitsgefährdenden Ausmaß', wie eine Studie der Österreichischen JungArbeiterBewegung ergeben hat. Außerdem zeigte die Untersuchung unter rund 1400 Bewohnern von Studentenheimen, dass ein Viertel aller Befragten regelmäßig raucht. Das ist allerdings signifikant weniger als bei einer Studie aus dem Jahr 2002 unter Stellungspflichtigen beim Bundesheer.*
>
> *Insgesamt gaben rund 90 Prozent der Heimbewohner an, Alkohol zu konsumieren. Bei der Hälfte davon ist das Ausmaß unbedenklich, bei jeweils einem Viertel allerdings bedenklich bzw. liegt bereits eine Abhängigkeit vor – vor allem junge Männer sind davon betroffen. [...] [10]*

„Ein Viertel aller Studenten ist alkoholabhängig"? (Lassen wir mal beiseite, dass ein Viertel von 90 Prozent 22,5 Prozent von allen Befragten sind.) – Dann bin ich ja mal froh, dass ich es in meinen Uni-Lehrveranstaltungen hauptsächlich mit den restlichen drei Vierteln zu tun habe. Wenn man allerdings nur in Studentenheimen eine Umfrage macht, erhält man mit Garantie keine repräsentative Stichprobe im Hinblick auf den Alkoholkonsum von allen Studierenden. Solche Schlüsse lassen sich nur auf Basis von Zufallsauswahlen ziehen (Box 6.1). Hatte also jeder Studierende eine Chance, in diese Stichprobe zu gelangen? Man hat ausschließlich Studierende befragt, die in Heimen wohnen, wo man am Abend gerne gesellig zusammensitzt! Was ist denn mit denen, die noch bei ihren Eltern wohnen, und jenen, die berufstätig sind und schon eine eigene Familie haben? So einfach ist schließende Statistik nicht, dass man nur irgendwelche gerade zur Verfügung stehende Gruppen befragen muss, um daraus Schlüsse für ganze Populationen wie diejenige aller Studierenden ableiten zu können.

Eine andere Ursache der Verzerrung von Stichproben mit Blick auf die eigentlich interessierende Grundgesamtheit ist die fehlende Teilnahmebereitschaft der ausgewählten Stichprobeneinheiten. In einer oberösterreichischen Tageszeitung fand sich auf der Titelseite die Schlagzeile „Eine Million Österreicher hat Probleme beim Lesen". Darunter erfolgt die Erklärung für diese Aussage:

Die OECD hat nach den PISA-Schülertests (s. Kap. 7; Anm. des Verf.) jetzt erstmals auch die Fähigkeiten von Erwachsenen getestet – und zwar in den Bereichen Lesen, Alltagsmathematik und Umgang mit dem Computer.

Österreich liegt in der gestern veröffentlichten PIAAC-Studie, an der 24 Länder teilgenommen haben, nur im Mittelfeld, während die skandinavischen Länder auch hier in allen Bereichen Spitzenplätze erreichen.

Bei der Lesekompetenz sind die Österreicher sogar schwächer als der OECD-Durchschnitt. 17 Prozent der 16- bis

65-jährigen Österreicher haben Probleme, einen etwas län-
geren Text zu verstehen. Das sind knapp eine Million Öster-
reicher. Zwei Prozent konnten nicht einmal einfachste Texte
begreifen. [...]

(Fortsetzung auf Seite 3) [...] In den vergangenen Jahren
hatten Österreichs Schüler beim PISA-Test regelmäßig durch-
schnittliche bis schlechte Ergebnisse erzielt. Nun liegt erstmals
eine Erwachsenen-Studie vor. Das Ergebnis ist keineswegs
erfreulich: Auch die Erwachsenen schwächeln im internatio-
nalen Vergleich. Einzig beim Rechnen liegen die Österreicher
über den Durchschnitt, beim Lesen gibt es große Schwächen,
bei der Problemlösungskompetenz im IT-Bereich – sprich dem
Umgang mit dem Computer – liegt Österreich im Mittelfeld.

Es ist das erste Mal, dass die OECD die Leistungen der
16- bis 65-Jährigen erhoben hat. An der internationalen Ver-
gleichsstudie ,Programme for the International Assessment of
Adult Competences' (PIAAC) nahmen 24 Länder teil. In Ös-
terreich wurden von der Statistik Austria rund 10.000 Per-
sonen angeschrieben, 5130 erklärten sich schließlich bereit,
daran teilzunehmen. Als Lockmittel wurde den Teilnehmern
ein 50-Euro-Einkaufsgutschein angeboten. [11]

Eine Frage muss wie bei jeder Stichprobenerhebung sofort
gestellt werden: Sind diese Ergebnisse repräsentativ für die
hier interessierende Population aller 16- bis 65-jährigen
Österreicherinnen und Österreicher? Dass die 10.000 Testpersonen zufällig ausgewählt wurden, reicht für eine Be-
jahung dieser Frage natürlich noch nicht aus. Beinahe 50
Prozent der eigentlich ausgewählten haben daran doch gar
nicht teilgenommen. Wenn die Entscheidung von ausgewählten Testpersonen, nicht an der Befragung teilzunehmen, mit dem Untersuchungsgegenstand zusammenhängt,

dann liefert der tatsächlich erhobene Rest der Zufallsstichprobe ein verzerrtes Bild der Population. Wenn beispielsweise Personen mit hohen Einkommen in einer Umfrage zu diesem Thema keine Antworten geben wollen, dann ist der einkommensstarke Teil der Bevölkerung in der Stichprobe unterrepräsentiert.

Im gegenständlichen Fall könnte es doch durchaus sein, dass Personen mit Leseproblemen, also mit Problemen beim Verständnis eines etwas längeren Textes, um sich nicht zu „outen", eher dazu neigen, nicht teilzunehmen (Box 6.3). Dann wären die Ergebnisse der Stichprobe tatsächlich sogar besser, als sie eigentlich sein sollten, und die hochgerechnete Million mit „Problemen beim Lesen" wäre eine *Unter*schätzung. Andererseits könnte der als „Lockmittel" eingesetzte 50-€-Gutschein gerade Personen der unteren Einkommensschichten motivieren, am Test teilzunehmen, während dieser für höhere Schichten kein Teilnahmeargument darstellt. Dann wiederum wären die Studienergebnisse wohl schlechter, als sie tatsächlich sein sollten, und die Million wäre eine *Über*schätzung der Größe dieser Problemgruppe.

6.3 Nonresponse

Nonresponse ist ein typischer Bestandteil einer Stichprobenerhebung. Manche der zufällig für die Stichprobe ausgewählten Personen werden nicht angetroffen, verweigern bestimmte oder gar alle Auskünfte. Die Statistik stellt Methoden wie die Gewichtungsanpassung oder die Datenimputation bereit, mit denen man nach bestimmten Annahmen (Modellen) darüber, wie der Antwortausfall zustande gekommen ist, Nonresponse zu kompensieren versucht (vgl. z. B. Quatember 2014b, Abschn. 3.4).

Bei der Gewichtungsanpassung wird der aufgetretene Nonresponse dadurch berücksichtigt, dass wegen des Ausfalls die Bedeutung der Auskunft gebenden Stichprobenelemente bei der Schätzung des Parameters erhöht wird. Mit der Datenimputation werden über nicht antwortende Stichprobenelemente vorhandene Informationen genutzt, um ihre fehlenden Werte zu schätzen, und so den Nonresponse zu kompensieren.

Um sich als Leser eines solchen Artikels ein eigenes Bild über die Qualität der Stichprobenergebnisse machen zu können, sollte bei hohen Ausfallraten wie bei der PIAAC-Studie [11] das den errechneten Ergebnissen zugrunde gelegte Nonresponsemodell und die verwendete Methode zum Ausgleich der Antwortausfälle kurz beschrieben werden. Auch wenn nur angenommen wurde, dass der Antwortausfall völlig zufällig war und nichts mit dem Untersuchungsgegenstand zu tun hatte, sollte man das erfahren.

Es folgen nun noch einige Beispiele geradezu haarsträubender Vorstellungen darüber, auf welcher Basis schließende Statistik für den Rückschluss von Stichproben auf Populationen funktionieren kann. Eine Gratiszeitung brachte unter der mit „Ergebnis einer Online-Umfrage" und „[…] Leser zweifeln an der Unfallversion" überschriebenen Schlagzeile „Haider: 79 Prozent glauben an Mord!" folgenden Artikel zum Ableben des Kärntner Landehauptmanns Jörg Haider zwei Wochen davor:

Nicht nur Jörg Haiders (†58) Witwe Claudia (52) bezweifelt die Ermittlungsergebnisse der Behörden im Zusammenhang mit dem Unfalltod des Kärntner Landeshauptmannes. 79 Prozent der […] Leser meinen, dass es kaltblütiger Mord war – zeigt eine aktuelle Umfrage auf www.heute.at, an der sich 2000 Internet-User beteiligten.

‚Glauben Sie, dass Jörg Haider ermordet wurde?' fragte ‚Heute' seine Leser. 2000 beteiligten sich am Voting – und das Ergebnis schockt. 79 Prozent glauben: ‚Ja! Alle Indizien sprechen dafür. Man wollte ihn loswerden!' Nur 16 Prozent sind der Meinung: ‚Nein. Er ist sturzbetrunken und viel zu schnell gefahren. Finden wir uns damit ab!' Der Rest der User ‚will es gar nicht wissen, weil man jetzt eh nichts mehr ändern kann'.

Die Umfrage beweist: Auch die Österreicher haben ihre Zweifel an der offiziellen Unfallversion – ähnlich wie Witwe Claudia Haider. Sie ließ ihren toten Ehemann bis dato nicht einäschern, sondern will Klarheit. Laut dem Chef des Krematoriums im Kärntner Villach gibt es noch immer keinen neuen Termin, da Haider womöglich ein weiteres Mal untersucht wird.

Der Kärntner Landeshauptmann war am 11. Oktober mit seinem VW Phaeton auf der Loiblpass-Bundesstraße B 91 bei Lambichl (Kärnten) tödlich verunglückt. Der Wagen hatte sich mehrmals überschlagen. Später kam heraus: Haider war zum Unfallzeitpunkt betrunken, hatte 1,8 Promille intus. [12]

Wenn man auf einer Homepage einen Fragebogen platziert, dann sind diejenigen Personen, die dort nach Aufforderung in der Zeitung die Fragen beantworten, weder repräsentativ für die österreichische Bevölkerung („Die Umfrage beweist: Auch die Österreicher haben ihre Zweifel an der offiziellen Unfallversion") noch für die Leser der Zeitung („79 % der […] Leser glauben an Mord"). Das Einzige, was die Umfrage beweist, ist, dass diejenigen, die an eine Verschwörung

glauben, jedenfalls motivierter waren, sich an dieser konsequenzlosen „Umfrage" zu beteiligen, als diejenigen, die an
einen Unfall glauben. So funktioniert Meinungsforschung
einfach nicht.

Ähnliches gilt für die Einschätzung der Qualität einer
Umfrage eines zweiwöchentlich in Österreich erscheinenden Gratismagazins [13]. Schon auf der Titelseite wird
angekündigt: „Polit-Umfrage: Österreicher wollen neue
Partei". Im Blattinneren wird dann das „eindeutige Ergebnis" der Umfrage präsentiert (Abb. 6.4).

Mit der Behauptung, dass dieses Stichprobenergebnis
für ganz Österreich gilt, begeht man in Hinblick auf die
diesbezügliche Qualität der Stichprobe eine glatte Repräsentativitätslüge. Denn ist das nicht eine herzlich naive
Vorstellung von schließender Statistik? Eine Frage wird in
einer Zeitschrift abgedruckt, und die Leserinnen und Leser
werden aufgefordert, eine kostenpflichtige SMS oder eine
E-Mail mit Antwort „ja" oder „nein" an die Redaktion zu
schicken. Dann wartet man ab, dass (und ob) teilnahme-
willige Personen dies tatsächlich tun, und in der nächsten
Ausgabe wird aus den eingetroffenen Antworten die Überschrift gebastelt: „Polit-Umfrage: Österreicher wollen neue
Partei". Entspricht denn die Grundgesamtheit der Leser
dieser Zeitschrift auch nur annähernd der Gesamtbevölkerung? Besteht die Stichprobe der per SMS oder E-Mail auf
die Aufforderung Antwortenden möglicherweise eher aus
den mit der derzeitigen Situation unzufriedenen Leserinnen und Lesern, weil die zufriedenen gar keinen Grund sehen, sich an dieser konsequenzlosen Umfrage zu beteiligen?

ÖSTERREICH FÜR NEUE PARTEI

Eindeutiges Ergebnis: Mit großer Mehrheit befinden die Weekend Magazin-Leser, es wäre Zeit für eine neue Partei in Österreich.

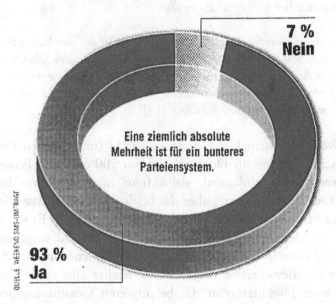

Abb. 6.4   SMS-Abstimmung von Lesern einer Zeitschrift: Repräsentativ für Österreich? [13]

Diese Stichprobe ist somit weder repräsentativ für die Gesamtbevölkerung Österreichs noch für die Population der Leserschaft dieses Magazins. „Eine ziemlich absolute Mehrheit" von 93 Prozent will eine neue Partei? Das kann doch nicht ernst gemeint gewesen sein.

Das nachfolgende Beispiel entstammt einer Zeitung, erschienen an Silvester 2000. Dort wurde unter der Schlagzeile „Jeder Oberösterreicher schießt 500 S in die Luft" (umgerechnet ca. 36 €) davon berichtet, dass das Silvestergeschäft mit Raketen gut gelaufen ist. Auf welche Weise hat man denn von einer Stichprobe den Rückschluss auf alle Oberösterreicher gezogen? Es heißt:

‚Bei uns kaufen Kunden Raketen und Böller um durchschnittlich 500 Schilling ein', freut man sich bei ‚Feuerwerk Scheutz' in Bad Ischl über ein gutes Silvestergeschäft. In Summe verpulvern die Oberösterreicher heute Abend in wenigen Minuten etwa 400 Millionen Schilling. [14]

Wenn in einem Geschäft in Bad Ischl (nichts gegen Bad Ischl) Kunden im Durchschnitt um 500 Schilling Feuerwerkskörper einkaufen, dann freut man sich zwar bei „Feuerwerk Scheutz", aber das heißt doch nicht, dass dieser Mittelwert für alle Oberösterreicher gültig ist! Es soll ja auch Menschen geben, die *dafür* gar kein Geld ausgeben. Sind diese in diesem Durchschnitt enthalten? Unmöglich! In der Bevölkerung der Oberösterreicher gibt es sie aber schon! Dividiert man die behaupteten Gesamtausgaben von 400 Mio. Schilling tatsächlich durch die Anzahl an damals ca. 1,38 Mio. Oberösterreicherinnen und Oberösterreichern, dann ergibt dies jedenfalls lediglich einen Schnitt von ungefähr 290 Schilling pro Person. Und wenn nur durch die Anzahl der Erwachsenen dividiert wird, dann sind es immer noch weniger als 500 Schilling. Nein, die Überschrift muss tatsächlich aus der diesbezüglichen Angabe von „Feuerwerk Scheutz" abgeleitet worden sein. Vielleicht befragen wir dieses offenbare Bad Ischler Orakel kommenden Monat einmal dazu, wie groß der Anteil an Männern unter seinen Kunden ist, und schlussfolgern dann „80 Prozent der Oberösterreicher sind männlich".

Hätte man zu Silvester 2000 aus irgendeinem Grund einfach nur wissen wollen, wie viel Geld Kunden ungefähr in Feuerwerksgeschäften ausgeben und den (über-) schriftlichen Schluss auf ganz Oberösterreich vermieden, dann hätte die Befragung von „Feuerwerk Scheutz" durchaus einen informativen Zweck anstelle des vorgegebenen repräsentativen erfüllen können (Box 6.2).

Eine solche lediglich informative Stichprobe schien allerdings auch bei der Erhebung, von der im nachfolgenden Artikel aus der österreichischen Kronen Zeitung über einen Alterstrend bei Müttern berichtet wird, nicht bezweckt gewesen zu sein. Unter der Schlagzeile „Immer mehr Mütter sind selbst Kinder!" steht dort:

Von einem ungewollten ‚Trend' zur allzu frühen Mutterschaft warnt jetzt die Caritas Oberösterreich: Bereits zwei Drittel aller schwangeren Frauen, die im Linzer ‚Haus für Mutter und Kind' einen Unterschlupf finden, sind blutjung. Die meisten haben entweder noch keine Ausbildung oder sind mitten drin. […] ‚Im Schnitt der vergangenen drei Jahre waren rund zwei

Drittel der Frauen unter 25 Jahre alt.' Von diesen insgesamt 37 Frauen haben acht ihre Lehre, Schule oder Berufsausbildung abgebrochen. 17 Frauen hatten gar keine Ausbildung. Und dabei gibt es immer mehr Anfragen von Müttern, die selbst noch als Kinder gelten [...] [15]

„Zwei Drittel aller schwangeren Frauen, die im Linzer ‚Haus für Mutter und Kind' einen Unterschlupf finden, sind blutjung." Nun ist gerade das ja offensichtlich auch die Klientel dieser wichtigen Sozialeinrichtung. Daraus zu schließen, dass immer mehr Mütter selbst Kinder sind, wie es in der Schlagzeile formuliert wurde, setzt dem Ganzen schon ein wenig die „Krone" auf. Denn tatsächlich gibt es ja einen langjährigen Trend hin zu später Mutterschaft! Aber „Immer mehr Mütter im ‚Haus für Mutter und Kind' sind selbst Kinder!" klingt natürlich weit weniger interessant als „Immer mehr Mütter sind selbst Kinder!"

Als eine amüsante Zusammenfassung der in diesem Kapitel zur Repräsentativität von Umfragen angesprochenen Themen wird noch ein Blick auf einen Leitartikel geworfen, in dem über die „Zehn Todsünden des Wahlkampfes" 1999 in Österreich gewettert wurde. Darin wurde vier Wochen vor der österreichischen Nationalratswahl des betreffenden Jahres darüber gesprochen, durch welche Aktionen die wahlwerbenden Parteien dafür sorgen, dass die Verdrossenheit der Wähler stetig zunimmt. Die angesprochenen Punkte reichen dabei von den fehlenden Themen über langweilige TV-Diskussionsrunden bis zu Beleidigungen von Mitbewerbern. Für unser Statistikthema wird der

Artikel dadurch interessant, dass eine der angesprochenen Sünden der Parteien so formuliert wurde:

> *Es wird immer unverfrorener versucht, mit Umfragen Stimmung zu machen, ohne Angabe des Samples (gemeint ist der Stichprobenumfang; Anm. des Verf.), Zeitpunkts oder der Rohdaten. [...]*
> *Wie gesagt, höchste Zeit für die Parteien zum Umdenken – die Wähler lassen sich nicht für dumm verkaufen!* [16]

Der damalige Chefredakteur der Zeitung, der den Leitartikel verfasst hat, kritisierte völlig zu Recht die gängige Praxis der Berichterstattung. Dem wäre tatsächlich nichts mehr hinzuzufügen. Außer eines: Gleich oberhalb dieses Leitartikels findet sich in derselben Zeitung unter der kleineren Schlagzeile „Mehrheit für große Koalition" folgender Bericht über die Ergebnisse zweier Meinungsumfragen zum Thema Parteipräferenz:

> *Fast 50 % der Österreicher sind für die Fortsetzung der großen Koalition (aus SPÖ und ÖVP; Anm. des Verf.). Nur 19 % sprechen sich für eine schwarz-blaue Wende aus (ÖVP und FPÖ; Anm. des Verf.). Soweit ist die neueste OGM-Umfrage klar. Verwirrung herrscht aber, ob die FP die VP überholt hat. Laut OGM liegt die FP bei 28 % und die VP bei 24 %. Nach einer Fessel-Umfrage hat die VP 26 % und die FP bei 24 %. In beiden Umfragen führt die SP mit 36 bzw. 35 %.* [16]

„Es wird immer unverfrorener versucht, mit Umfragen Stimmung zu machen, ohne Angabe des Samples, Zeitpunkts oder der Rohdaten." Dem ist nun wirklich nichts mehr hinzuzufügen.

Quellen (Zugriff: 31. Juli 2014)

1. Oberösterreichische Nachrichten, 13. Dezember 2008 (eingescanntes Original zu finden: http://www.jku.at/ifas/content/e101235/e101237/e107866/schwankendeschwankungsbreiten.pdf)

2. Kronen Zeitung, 5. September 2010, S. 17

3. http://tirol.orf.at/news/stories/2576764/

4. http://www.nachrichten.at/nachrichten/chronik/Jeder-fuenfte-Skisportler-faehrt-alkoholisiert-auf-unseren-Pisten;art58,1087668

5. http://kurier.at/chronik/oesterreich/jeder-fuenfte-skisportler-bei-test-alkoholisiert-auf-pisten-unterwegs/6.182.858

6. http://www.vorarlbergernachrichten.at/lokal/2013/03/21/jeder-funfte-skifahrer-betrunken-unterwegs.vn

7. http://www.news.at/a/skipiste-alkohol-test-unfallrisiko

8. http://www.sempria-search.de/dradio-wissensnachrichten/20130321/j7Jc.html

9. http://www.jku.at/ifas/content/e101235/e101339/e147830/ReprsentativeSinglesDezember2011.pdf

10. http://www.krone.at/Oesterreich/Ein_Viertel_der_Studenten_ist_alkoholabhaengig-Alarmierende_Studie-Story-222872

11. „Oberösterreichische Nachrichten", 9. Oktober 2013, S. 1

12. „Heute", 28. Oktober 2008, S. 9

13. „weekend Magazin", 5. April 2008, S. 11

14. „Kronen Zeitung", 31. Dezember 2000, S. 9

15. „Kronen Zeitung", 6. April 2003 (eingescanntes Original zu finden auf: http://www.jku.at/ifas/content/e101235/e101339/e107849/repraesentativitaet1.pdf)

16. „Kronen Zeitung", 5. September 1999, S. 2 f

Literatur

Gabler S, Quatember A (2012) Das Problem mit der Repräsentativität von Stichprobenerhebungen. In: Verband Schweizer Markt- und Sozialforschung vsms (Hrsg.). Jahrbuch 2012. vsms, Zürich, S. 17–19

Quatember A (2014a) Statistik ohne Angst vor Formeln. 4. Aufl. Pearson Studium, München

Quatember A (2014b) Datenqualität in Stichprobenerhebungen. Springer Spektrum, Berlin

7

Der PISA-Wahnsinn

Die PISA-Studie (PISA = Programme for International Student Assessment) ist die größte internationale wissenschaftliche Untersuchung aus dem Bereich der Bildungsforschung. An der im Dreijahresrhythmus durchgeführten Stichprobenerhebung der OECD beteiligten sich beispielsweise im Jahr 2012 insgesamt 65 Länder (34 OECD-Länder und 31 Partnerstaaten). Ziel der Erhebung ist ein länder- und zeitübergreifender Vergleich der Fähigkeiten 15- bis 16-jähriger Schüler in den Bereichen Lesen, Mathematik und Naturwissenschaften (vgl. z. B. http://www.oecd.org/berlin/themen/pisa-hintergrund.htm, Zugriff: 31. Juli 2014). Dafür wurden in den teilnehmenden Ländern mehr als eine halbe Million der insgesamt rund 28 Mio. Schüler des zu testenden Geburtsjahrgangs 1996 getestet.

7.1 Der mediale Niederschlag der PISA-Resultate

Die Ergebnisse dieser Studie sorgen wegen der bildungs-
politischen Brisanz des Untersuchungsgegenstands regelmäßig für mehr oder weniger große innenpolitische Un-
ruhe in diesen Ländern. Betrachten wir beispielsweise im
Folgenden den Niederschlag, den die Ergebnisse des Jahres 2012 in Onlineportalen verschiedener Zeitungen im
deutschsprachigen Raum gefunden haben. In einer österreichischen Tageszeitung konnte man am 3. Dezember
2013 unter der Überschrift „PISA: Wir sind endlich besser"
online nachlesen:

*Österreichs 15- bis 16-Jährige haben in Mathematik aufge-
holt und bei PISA 2012 Platz elf unter 34 OECD-Ländern
erreicht. Gleichzeitig verweist die OECD in ihrem Länderbe-
richt auf eine besorgniserregende Entwicklung: Die Geschlechterkluft im Haupttestfach Mathe ist deutlich gewachsen.
Lagen die Buben 2003 noch acht Punkte vorne, sind es nun
22– das ist der größte Zuwachs unter allen Ländern.*

*Bei der Mathematik-Kompetenz haben unter den Teil-
nehmerländern aus OECD bzw. EU Südkorea (554), Japan
(536) und die Schweiz (531) die Nase vorn. Unter allen 65
teilnehmenden Ländern bzw. Regionen erreichte Shanghai
(China) mit 613 den mit Abstand höchsten Wert vor Singapur (573) und Hongkong (China; 561). Beim Lesen liegen
OECD/EU-weit Japan (538), Südkorea (536) und Finnland (524) in Front, insgesamt hat auch hier Shanghai den
höchsten Punktewert (570). Die Naturwissenschaften werden OECD/EU-weit von Japan (547), Finnland (545) und*

Estland (541) dominiert, absoluter Sieger ist auch hier Shanghai (580). [...]

Während sich das Gesamtergebnis im Vergleich zu 2003, als Mathematik zuletzt im Zentrum von PISA stand, nicht verändert hat, gab es eine Verschiebung beim Leistungsspektrum zwischen den Geschlechtern. So ist bei den Burschen der Anteil an Risikoschülern, die bestenfalls einfache Formeln und Schritte zur Lösung von Aufgaben anwenden können, um rund drei Prozentpunkte auf 16,1 Prozent zurückgegangen und gleichzeitig hat sich der Anteil an Mathe-Assen von 16,7 auf 18 Prozent gesteigert. Bei den Mädchen hat unterdessen der Anteil der Risikoschülerinnen um fast drei Prozentpunkte auf 21,2 Prozent zugelegt und im Vergleich zu 2003 der Anteil der Spitzenschülerinnen um über einen Prozentpunkt auf 10,6 Prozent abgenommen. [...] [1]

Auf der Onlineplattform einer deutschen Wochenzeitung war am selben Tag unter der Überschrift „Deutsche Schüler klettern im Leistungsranking nach oben" Folgendes zu lesen:

Schülerinnen und Schüler in Deutschland liegen mit ihren Leistungen im internationalen Schulleistungstest Pisa das erste Mal in allen Bereichen über dem Durchschnitt der teilnehmenden Länder. Das Programme for International Student Assessment der Organisation für wirtschaftliche Zusammenarbeit und Entwicklung (OECD) überprüfte 2012 zum fünften Mal die Fähigkeiten 15-Jähriger in Lesen, Mathematik und Naturwissenschaften. Der Schwerpunkt lag auf Mathematik.

Die besten Ergebnisse erzielte in allen drei Bereichen Shanghai: mit einer mittleren Punktzahl von 613 in Mathematik, 570 im Bereich Lesekompetenz und 580 im Bereich

Naturwissenschaften. Das entspricht je nach Bereich einem mehrjährigen Lernvorsprung gegenüber dem Durchschnitt. Auch Singapur, Hongkong, Taipeh, Korea, Macau (China), Japan, Liechtenstein, die Schweiz und die Niederlande sind in der Spitzengruppe.

Mit durchschnittlich 514 Punkten erzielten die deutschen Schüler in Mathematik 20 Punkte mehr als der OECD-Durchschnitt, das entspricht einem Vorsprung von etwa einem halben Schuljahr. Im Vergleich zu 2003 ist das Ergebnis um elf Punkte besser. Vor allem leistungsschwache und sozial benachteiligte Schüler schnitten 2012 besser ab als noch 2003. [...] [2]

Ebenfalls am 3. Dezember 2013 wurden die schweizerischen Ergebnisse auf der Onlineplattform einer eidgenössischen Tageszeitung unter der Überschrift „Nur Asiaten rechnen besser" auf nachfolgende Weise präsentiert:

Die Schweizer Jugendlichen lesen erneut besser als noch vor drei Jahren. Dies geht aus der jüngsten Pisa-Untersuchung aus dem Jahr 2012 hervor. In Mathematik und bei den Naturwissenschaften schnitten die Schweizer Schüler allerdings leicht schlechter ab.

In Mathematik hat die Schweiz 531 Punkte gegenüber 534 Punkten bei der letzten Untersuchung im Jahr 2009 erreicht. Dies geht aus der am Dienstag veröffentlichten Pisa-Studie hervor.

Trotzdem konnte sich die Schweiz im Vergleich der mathematischen Fähigkeiten der 15-Jährigen in der Spitzengruppe halten. Von den OECD-Ländern erreichten nur Südkorea und Japan eine bessere Punktezahl. Bereits vor drei Jahren lagen die Schweizer Schüler auf Platz 3, damals noch hinter den Südkoreanern und den Finnen [...]

Bei der Leseleistung verbesserte sich die Schweiz erneut – und zwar von 501 Punkten im Jahr 2009 auf 509 Punkte. Damit liegt sie wie bereits vor drei Jahren unter den zwölf besten OECD-Ländern.

Beim ersten Pisa-Test im Jahr 2000 hatten die Schweizer Jugendlichen bei der Lesefähigkeit relativ schlecht abgeschnitten. Der Umstand, dass damals einer von fünf Jugendlichen kaum einen einfachen Text verstand, löste einen eigentlichen «Pisa-Schock» aus.

Heute lesen die Schweizer Schüler im Vergleich mit anderen OECD-Ländern zwar schlechter als etwa ihre Kollegen aus Polen, Australien und Belgien – aber besser als die 15-Jährigen in Deutschland und Frankreich.

Bei den Naturwissenschaften schneidet die Schweiz mit 515 Punkten im Vergleich zu 2009 (517 Punkte) leicht schlechter ab – sie rangiert damit aber immer noch unter den zwölf besten der insgesamt 34 OECD-Mitgliedsstaaten.

Und wo stehen unsere Nachbarn? Die deutschen Schüler haben ihre Leistungen im Pisa-Vergleichstest in den vergangenen zehn Jahren erheblich verbessert. In allen Bereichen wie Mathematik, Lesen und Naturwissenschaften liegen sie nach fünf solcher Tests erstmals über dem Durchschnitt der 34 OECD-Staaten. In Mathematik erzielten die deutschen Schüler gar 20 Punkte mehr als der Durchschnitt der 34 OECD-Mitgliedsländer. International liegen die deutschen Leistungen damit im oberen Mittelfeld.

Die eindeutigen Sieger im neuen internationalen Pisa-Schultest sind asiatische Schüler. 15-Jährige aus Schanghai, Singapur, Hongkong und Taipeh belegen im OECD-Vergleich zu Mathematik, Lesekompetenz und Naturwissenschaften die Spitzenplätze. [3]

Alle (drei) Jahre wieder kommt schon kurz vor dem Christuskind schon die bildungspolitische Bescherung in Form der weltweiten Veröffentlichung der PISA-Ergebnisse. Und alle (drei) Jahre wieder kommt in der öffentlichen Diskussion der Ergebnisse und der daraus abzuleitenden Konsequenzen wie in diesen drei Beispielen die Tatsache, dass es sich bei der PISA-Studie um eine Stichproben- und keine Vollerhebung aus der betreffenden Zielpopulation der 15- bis 16-jährigen Schülerinnen und Schüler handelt, so gut wie nicht vor. Der pure Vergleich der Stichprobenergebnisse mit jenen früherer Jahre oder anderer Länder berücksichtigt nicht die diesen Ergebnissen durch die Erhebung der Daten an einer Stichprobe innewohnende Ungenauigkeit. In Österreich wurden im Jahr 2012 beispielsweise rund 5000 von insgesamt knapp 90.000 Schülerinnen und Schülern des Geburtsjahrgangs 1996 getestet. Dazu wurden mit einem komplexen Zufallsauswahlverfahren aus allen 2400 Schulen mit Schülerinnen und Schülern der Zielpopulation 191 Schulen ausgewählt (https://www.bifie.at/node/90, Zugriff: 31. Juli 2014). Die daraus resultierenden Ungenauigkeiten der Ergebnisse werden in den offiziellen Veröffentlichungen der OECD bzw. der in den einzelnen Staaten zuständigen Organisationen natürlich angegeben. Ihre Berücksichtigung führt zur Klassifizierung gefundener Unterschiede als „signifikante" oder „nicht signifikante" Testergebnisse und zur Präsentation von Einzelergebnissen auf Basis von Konfidenzintervallen (http://www.oecd.org/pisa/keyfindings/pisa-2012-results-overview-GER.pdf, Zugriff: 31. Juli 2014).
Direkt aus den Stichprobenergebnissen Folgerungen wie auf das Anwachsen der „Geschlechterkluft" in Österreich („Bei den Mädchen hat [...] im Vergleich zu 2003

der Anteil der Spitzenschülerinnen um über einen Prozent-punkt auf 10,6 Prozent abgenommen"), das verbesserte Ab-schneiden im Kompetenzbereich Mathematik in Deutsch-land („Im Vergleich zu 2003 ist das Ergebnis um elf Punkte besser") oder das gerade in diesem Bereich neue schlech-tere Abschneiden in der Schweiz („In Mathematik hat die Schweiz 531 Punkte gegenüber 534 Punkten bei der letzten Untersuchung im Jahr 2009 erreicht") abzuleiten, ist un-zulässig. Dabei ist natürlich festzuhalten, dass die in den Medien nötige komprimierte Darstellung der Fakten solche Berichtsmängel fördert. In den Tagen nach der Veröffentli-chung der neuen PISA-Ergebnisse und der ersten medialen Kommentare diese statistisch relevanten Fakten in Interpre-tationen und Forderungen nach Konsequenzen nicht ein-fließen zu lassen, ist dann allerdings schlichtweg fahrlässig. Soll denn über Veränderungen des Schulsystems tatsächlich auch auf Basis statistisch nicht signifikanter Unterschiede diskutiert werden?

7.2 Forschungsresultate in den Medien

In Zusammenhang mit der PISA-Studie 2009 lässt sich auch dokumentieren, wie teilweise bis zur Unkenntlichkeit verkürzte Ergebnisse universitärer Forschung medial aufbe-reitet werden. Mit den darin erhobenen Daten beschäftigte sich in den Jahren 2011 und 2012 ein Forschungsprojekt, das als Teil einer Initiative des damaligen österreichischen Bundesministeriums für Unterricht, Kunst und Kultur zur

Sekundäranalyse der Daten durchgeführt wurde. Ziel eines Vertiefungsprojekts, das im Rahmen dieses Projekts am Institut für Angewandte Statistik (IFAS) der Johannes Kepler Universität Linz (JKU) durchgeführt wurde, war der Vergleich der Auswirkung der Verwendung verschiedener Zufallsstichprobenverfahren zur Auswahl der Testschülerinnen und -schüler auf die Genauigkeit der PISA-Resultate auf der Basis von Simulationen. Das Stichprobendesign, das in den meisten teilnehmenden Ländern zur Anwendung kommt, ist die geschichtete, zweistufige Zufallsauswahl der Testpersonen (Box 6.1). Um die zu testenden Stichprobenschüler auszuwählen, werden nämlich zuerst die Schulen nach Schultypen in sogenannte Schichten eingeteilt. Dies gewährleistet, dass jeder Schultyp in der PISA-Stichprobe enthalten ist. Aus jeder dieser Schichten werden dann zufällig Schulen entnommen und nur in diesen Schulen Schülerinnen und Schüler für den Test ausgewählt.

Für die angesprochene Simulationsstudie wurde aus den allgemein zugänglichen PISA-Daten (z. B. http://pisa2012.acer.edu.au/, Zugriff: 31. Juli 2014) eine sogenannte plausible (oder Pseudo-) Population von Schulen und von Schülern erzeugt. Dieser realitätsnahen Grundgesamtheit wurden in der Folge jeweils 10.000 Stichproben nach verschiedenen Stichprobenverfahren entnommen und in jeder dieser Stichproben mit deren Daten die Schätzer für die Mittelwerte in den Kompetenzbereichen Lesen, Mathematik und Naturwissenschaften berechnet. Auf diese Weise entstand ein Bild der bei Anwendung dieser unterschiedlichen Verfahren möglichen Schwankung der PISA-Ergebnisse (für Details vgl. Quatember und Bauer 2012, S. 534 ff.).

Neben ihrer wissenschaftlichen Auswertung in Form von Publikationen und Vorträgen wurden die Forschungsresultate dieses Projekts auch durch die Pressestelle der JKU veröffentlicht. Diese Pressemeldung wurde unter dem Titel „Neue JKU-Studie bringt PISA-Ergebnisse ins Schwanken" herausgegeben und am 12. März 2012 auch auf der Homepage der Universität platziert:

Alle drei Jahre erscheint eine neue PISA-Studie – auch 2012 werden wieder SchülerInnen im OECD-Raum auf ihre Kompetenzen in den Bereichen Lesen, Mathematik und Naturwissenschaften getestet. Die Ergebnisse sorgen regelmäßig – nicht nur in Österreich – für heftige Debatten von bildungspolitischer Brisanz. Eine JKU-Studie hat nun die Genauigkeit der PISA-Studie unter die Lupe genommen – und mahnt zur Vorsicht.

Länderrankings sind wesentlicher Bestandteil der PISA-Diskussionen. Gerade diese Reihungen sind aber oft nicht durch die PISA-Studienergebnisse gedeckt. ‚Es werden ja nicht alle SchülerInnen in Österreich oder anderen Ländern geprüft, sondern nur eine auf sehr komplexe Art und Weise ausgewählte Stichprobe daraus', erklärt Dr. Andreas Quatember vom Institut für Angewandte Statistik der JKU. Durch Hochrechnung erhält man dann den PISA-Wert. ‚Der gibt aber nicht die wahre durchschnittliche Kompetenz der österreichischen SchülerInnen an, sondern nur den auf Basis der Stichproben-Jugendlichen errechneten Schätzwert dafür', so der Statistiker. Mit anderen Worten: Der Wert unterliegt einer durchaus beträchtlichen Ungenauigkeit. ‚Wenn Länder da halbwegs knapp beieinander liegen, sind die Resultate wegen der Stichprobenschwankung statistisch gar nicht unterscheidbar', mahnt Quatember. Diese Einschränkung wird in den offiziellen OECD-Veröffentlichungen zur PISA-Studie auch stets betont, geht in der öffentlichen Diskussion aber meist unter.

‚Unklarer ist aber, wie die Ungenauigkeit für PISA offiziell berechnet wird. Die Details zur Methodik werden leider nicht bekannt gegeben.' Also hat Quatember gemeinsam mit Alexander Bauer mittels einer adaptierten Bootstrap-Methode die Stichprobenschwankung aus den Daten herausgerechnet. ‚Am Computer wurden quasi immer wieder 10.000 PISA-Studien nach verschiedenen Stichprobenszenarien durchsimuliert und Methoden zur Genauigkeitsbestimmung angewendet', erklärt der Forscher die Vorgehensweise. Das brachte eine weitere interessante Tatsache zutage. ‚Die komplexe Stichproben-Auswahl der PISA-Studie führt zu etwa vierfach ungenaueren Ergebnissen, als wenn einfach zufällig SchülerInnen für den Test ausgewählt würden'. Dies sei aber keine Kritik an der PISA-Studie an sich. ‚Eine einfache zufällige Auswahl wäre viel teurer, weil dann weitaus mehr Schulen besucht werden müssten. Im Gegenteil: Unter dem gegebenen Budget liefert die PISA-Studie offenbar ausgezeichnete Ergebnisse. Man muss aber im Auge behalten, was sich nun wirklich daraus ablesen lässt', so Quatember. Ob nun tschechische oder slowakische SchülerInnen, die im Ranking knapp vor den österreichischen liegen, tatsächlich besser lesen können, gehört wohl eher nicht dazu. [4]

Die hohe mediale Aufmerksamkeit, welche die PISA-Studie generell besitzt, hatte zur Folge, dass in den verschiedenen österreichischen Tageszeitungen schon am selben Tag Berichte über die in der Pressemitteilung beschriebenen Forschungsergebnisse erschienen. Der nachfolgende Artikel mit der Schlagzeile „Statistiker kritisieren Ungenauigkeit bei PISA" erschien beispielsweise auf der Onlineplattform einer österreichischen Tageszeitung. Er orientierte sich in seiner Wortwahl stark an der oben zitierten Stellungnahme der Universität:

Statistiker der Linzer Johannes Kepler Universität (JKU) kritisieren die Ungenauigkeit in den Länder-Rankings der PISA-Studie. Grund für die Unschärfe sei die komplexe Stichproben-Auswahl. Diese führe zu etwa vierfach ungenaueren Ergebnissen, als wenn zufällig Schüler für den Test herangezogen würden, haben die Forscher ausgerechnet. Eine zufällige Auswahl der Stichprobe wäre aber viel teurer, hieß es in der Aussendung am Montag. [...]

‚Es werden nicht alle Schüler in Österreich oder anderen Ländern geprüft, sondern nur eine auf sehr komplexe Art und Weise ausgewählte Stichprobe daraus‘, erklärt Andreas Quatember vom Institut für Angewandte Statistik, aus der Hochrechnung ergebe sich dann der PISA-Wert. Dieser unterliege einer beträchtlichen Ungenauigkeit. ‚Wenn Länder da halbwegs knapp beieinander liegen, sind die Resultate wegen der Stichprobenschwankung statistisch gar nicht unterscheidbar‘, so Quatember. [...]

Er wolle aber nicht die PISA-Studie an sich kritisieren, räumte der Statistiker ein (Eben!; Anm. des Verf.): ‚Eine einfache zufällige Auswahl wäre viel teurer, weil dann weitaus mehr Schulen besucht werden müssten.‘ Unter dem gegebenen Budget liefere die PISA-Studie ausgezeichnete Ergebnisse, betonte er. [5]

Wurde in unserer Pressemitteilung tatsächlich die Ungenauigkeit der PISA-Ergebnisse „*kritisiert*"? Für meinen Geschmack wurde sie lediglich *dokumentiert* („Wenn Länder da halbwegs knapp beieinander liegen, sind die Resultate wegen der Stichprobenschwankung statistisch gar nicht unterscheidbar"). Außerdem wurde nicht behauptet (s. oben), dass der Grund für die Ungenauigkeit der Länder-rankings die komplexe Stichprobenauswahl ist, sondern das Faktum der Stichprobenziehung an und für sich. Aber insgesamt kann man die Forschungsergebnisse mit diesem Artikel durchaus nachempfinden.

Eine stark komprimierte Version der Pressemitteilung findet sich in der Printausgabe einer anderen Zeitung unter der Überschrift „PISA: Linzer Statistiker kritisieren Länder-Rankings" folgendermaßen:

> *Statistiker der Linzer Johannes-Kepler-Universität kritisieren die Ungenauigkeit in den Länder-Rankings der PISA-Studie. Schuld daran sei die komplexe Stichprobenauswahl. Diese führe zu vierfach ungenaueren Ergebnissen, als wenn zufällig Schüler für den Test herangezogen würden. Eine solche zufälli-ge Stichprobenauswahl wäre allerdings für teurer.* [6]

Kurz und bündig beschreibt dieses Konzentrat doch die wichtigsten Fakten zu unserer Forschung.

Die auflagenstärkste österreichische Tageszeitung kleide-te die universitäre Presseaussendung unter der Schlagzeile „Entwarnung bei PISA-Debakel" größtenteils in ganz eige-ne Worte:

> *Von einem Debakel ins nächste, so fielen bisher die PISA-Er-gebnisse für unser Bildungssystem aus. Viele versuchten ver-geblich, das schönzureden – jetzt erhalten sie Unterstützung von der Uni Linz. Dort haben Statistiker nachgerechnet und*

*herausgefunden, dass es sich dabei mehr oder weniger nur um
Schätzwerte handelt, knapp beieinander liegende Länder gar
nicht mehr unterscheidbar sind.*

*Die geprüften Schüler werden nämlich nicht zufällig, son-
dern – aus Kostengründen – stichprobenartig ausgewählt,
und das führt zu vier Mal ungenaueren Ergebnissen. Deshalb
raten die Statistiker bei PISA zu Gelassenheit – und die ist
eigentlich allgemein in der Schule zu empfehlen [...] [7]*

Wie bitte? Wir haben doch nicht herausgefunden, dass es
sich dabei mehr oder weniger nur um Schätzwerte handelt.
Das kann man in jeder offiziellen Veröffentlichung zur PI-
SA-Studie nachlesen! Stichprobenresultate *sind* nur Schätzwerte der eigentlich interessierenden Populationsparameter.
Die schlechten PISA-Ergebnisse werden von uns auch nicht
im Geringsten schöngeredet. Die Resultate selbst waren
überhaupt nicht das Thema unseres Projekts. Aber die Formulierung, dass die geprüften Schüler „nicht zufällig, sondern [...] stichprobenartig ausgewählt" werden, erschüttert
uns nun doch ordentlich. Wir raten uns aber auch diesbezüglich zu Gelassenheit ...

Quellen (Zugriff: 31. Juli 2014)

1. http://www.oe24.at/oesterreich/politik/PISA-Studie-Oester-
   reich-holt-auf-Die-Ergebnisse-im-Detail/123689719
2. http://www.zeit.de/gesellschaft/schule/2013–12/pisa-ergeb-
   nisse-deutschland
3. http://www.nzz.ch/aktuell/schweiz/schweizer-schueler-blei-
   ben-spitze-in-mathematik-1.18197052

4. http://www.jku.at/content/e213/e63/e58/e57?apath=e32681/
   e147613/e157880/e158809
5. http://derstandard.at/1331207084276/Laenderrankings-Sta-
   tistiker-kritisieren-Ungenauigkeit-bei-PISA
6. „Die Presse", 13. März 2012, S. 4.
7. „Kronen Zeitung", 13. März 2012, S. 17

Literatur

OECD (2012) PISA 2009 Technical Report, PISA, OECD Pub-
lishing http://dx.doi.org/10.1787/9789264167872-en. Zugriff:
31. Juli 2014

Quatember A, Bauer A (2012) Genauigkeitsanalysen zu den Ös-
terreich-Ergebnissen der PISA-Studie 2009. In: Eder F (Hrsg)
PISA 2009. Nationale Zusatzanalysen für Österreich. Wax-
mann, Münster

8

Tatort Lotto

Ein- bis zweimal pro Woche werden Teile der Bevölkerung zu Experten der Wahrscheinlichkeitsrechnung, wenn in Deutschland eine neue Ziehung von *6 aus 49* (bzw. in Österreich und der Schweiz von *6 aus 45*) die Sehnsüchte der Lottospieler beflügelt. Bevor wir uns diesem Thema konkret zuwenden, betrachten wir einige Beispiele von Zeitungsberichten mit fehlerhaften Angaben oder Berechnungen von Wahrscheinlichkeiten für das Eintreffen bestimmter Ereignisse.

Beginnen wir mit den Gewinnchancen für die einzelnen Bewerber des Finales der vierten Staffel von Österreichs Castingshow *Starmania*. Die größte österreichische TV-Zeitschrift gab diese Siegwahrscheinlichkeiten an wie in Abb. 8.1 dargestellt [1].

Wahrscheinlichkeiten bestimmter Ereignisse können zum besseren Verständnis als Prozentsätze bei einer großen Anzahl von immer wieder durchgeführten gleichen Versuchen veranschaulicht werden. Dass die angegebenen Wahrscheinlichkeiten „etwas übertreiben", erschließt sich

Abb. 8.1   Unmögliche Wahrscheinlichkeiten [1]

daraus, dass die Kandidatin Maria demgemäß bei 100 gleichen Fällen in durchschnittlich 20, der Kandidat Oliver in durchschnittlich 80 und die Kandidatin Silvia in durchschnittlich 75 Fällen gewinnen würde. Am Schluss sollten sich die in Prozenten ausgedrückten Wahrscheinlichkeiten natürlich wieder auf 100 aufsummieren, denn es kann ja nur einen (Sieger) geben und nicht 1,75.

8.1 Wahrscheinlichkeiten

Die Wahrscheinlichkeitsrechnung beschäftigt sich damit, bestimmten Ereignissen Zahlen zuzuordnen, die Auskunft darüber geben sollen, wie wahrscheinlich das Eintreffen dieser Ereignisse ist. Gegenstand der Betrachtung ist dabei ein sogenanntes Zufallsexperiment wie das Werfen eines Würfels, vom dem man angeben kann, was alles passieren kann, aber nicht, was tatsächlich passieren wird. Beim Werfen eines Würfels könnte uns z. B. in einem Brettspiel interessieren, wie wahrscheinlich es ist, beim nächsten Mal eine Zahl größer als 2 zu werfen, weil wir dann gewonnen hätten.

Diese zu berechnende Wahrscheinlichkeit ist eine Zahl zwischen 0 und 1, oder in Prozent ausgedrückt zwischen 0 und 100, und ist genau dann null, wenn das Ereignis unmöglich ist. Beim Werfen eines Würfels wäre ein solches unmögliches Ereignis z. B. die Zahl 7 oder die Zahl 3,14. Es gibt somit unendlich viele solcher unmöglichen Ereignisse. Eine Wahrscheinlichkeit von eins wiederum bedeutet, dass das Ereignis sicher eintreten wird. Damit sind nicht die sogenannten 100- oder sogar 1000prozentigen Torchancen gemeint, von denen Fußballkommentatoren bisweilen sprechen und die dann und wann dennoch vergeben werden. Spricht man in der Wahrscheinlichkeitsrechnung von einer 100prozentigen Eintreffwahrscheinlichkeit, dann tritt das Ereignis tatsächlich sicher ein, und man kann ganz gelassen alles, was man will, darauf wetten. Beim Würfelexperiment wären das z. B. die Ereignisse, dass eine Zahl kleiner als 7 oder dass eine kleiner als 100 kommt. Es gibt also auch unendlich viele sichere Ereignisse. Umso größer nun die Wahrscheinlichkeit eines interessierenden Ereignisses ist, desto wahrscheinlicher wird es eintreten.

Für das Berechnen solcher Wahrscheinlichkeiten gibt es in der Wahrscheinlichkeitsrechnung unterschiedliche Möglichkeiten je nach der Art des Zufallsexperiments. Besteht das Experiment beispielsweise aus lauter gleich wahrscheinlichen Fällen wie beim Würfeln, dann gilt die sogenannte Abzählregel. Diese besagt, dass man die Wahrscheinlichkeit eines Ereignisses dann einfach dadurch bestimmen kann, dass man die Anzahl der für dieses Ereignis günstigen Fälle abzählt und diese Anzahl durch die der möglichen Fälle dividiert. Beim Würfelbeispiel ist die Wahrscheinlichkeit dafür, dass eine Zahl größer als 2 kommt, gegeben durch vier günstige durch sechs mögliche Fälle. Das macht 4:6 = 0,667. In Prozent sind das 66,7 Prozent oder genau zwei Drittel. Es gibt nämlich genau vier günstige gleich wahrscheinliche Fälle für das Ereignis, dass eine Zahl größer als 2 kommt, das sind 3, 4, 5 und 6, und insgesamt sechs mögliche Fälle.

Man kann sich eine solche Wahrscheinlichkeit so veranschaulichen, dass man sich 100 gleiche Zufallsexperimente (z. B. das Werfen des Würfels) vorstellt. Dann wird in unserem Fall im Durchschnitt in zwei Drittel aller Versuche eine Zahl größer als 2 auftreten. „Im Durchschnitt" deshalb, weil man natürlich Pech haben kann und bei den eigenen 100 Versuchen ein bisschen seltener als in zwei Drittel der Versuche das Ereignis eintritt, oder man hat Glück, und es kommt sogar öfter als erwartet. Im Durchschnitt solcher immer wieder durchgeführten 100 Versuche wird dieses Ereignis aber in zwei Drittel aller Würfe passieren. Damit ist dieses Ereignis z. B. wahrscheinlicher als das Ereignis, dass eine ganze Zahl (3 günstige durch 6 mögliche = 0,5) oder dass eine bestimmte Zahl wie – sagen wir – 2 geworfen wird (1:6 = 0,167). Es ist aber weniger wahrscheinlich als das Ereignis, keine 6 zu werfen (5:6 = 0,833). Dies passiert bei 100 Versuchen im Schnitt 83,3-mal.

Ein ungewöhnlicher Zeitungsartikel enthält eine Angabe einer Wahrscheinlichkeit unter der Schlagzeile „Mindestens ein ISS-Astronaut wird an Krebs erkranken". Unter anderem ist darin Folgendes zu lesen:

Bei einer normalen Mir-Mission erhalten die Kosmonauten 0,15 Sievert, soviel wie bei ein paar Tausend Röntgen-Aufnahmen, was rein rechnerisch bei einer 180-Tagesmission ein Krebsrisiko von einem Prozent bringt.

Das klingt nicht hoch, aber im 10- bis 20-jährigen Betrieb werden mindestens hundert Astronauten die Station bevölkern – einer davon wird Krebs bekommen. Sofern er nicht eines gewaltsamen Todes stirbt: Auch der Weltraum ist inzwischen voller Müll, Überbleibseln früherer Raketen und Satelliten. Die größeren (über zehn Zentimeter) werden vom US-Space-Command verfolgt, ihnen kann die ISS ausweichen. Und gegen ganz kleine sollen besondere Schutzschilde helfen – aber nur den Modulen. Wird ein Mensch während eines Weltraumspazierganges getroffen, hat er keine Chance. [2]

Ist es wirklich sicher, dass einer der mindestens 100 Astronauten Krebs bekommen wird, wie es im Artikel behauptet wird? Führen wir uns die Bedeutung der im Text angegebenen Wahrscheinlichkeiten durch durchschnittliche Häufigkeiten vor Augen (Box 8.1). Ein Krebsrisiko (wie auch immer dieses ermittelt wurde) von 1 Prozent bedeutet, dass von 100 Astronauten im Schnitt einer an Krebs erkranken wird. Im Schnitt! Das ist natürlich etwas anderes als die Behauptung, dass genau *ein* ISS-Astronaut bzw. lt. Schlagzeile sogar *mindestens einer* an Krebs erkranken werde. Wenn nämlich 100 Halbjahresastronauten betrachtet werden, dann ist die Wahrscheinlichkeit, dass darunter mindestens einer an Krebs erkrankt, wie es in der Überschrift als sicher suggeriert wird, eben nicht 1, sondern $1 - (0,99)^{100}$, das ist eins minus der Wahrscheinlichkeit dafür, dass niemand erkrankt, und das ergibt $1 - 0,366 = 0,634$, also 63,4 Prozent. Richtig müsste die Schlagzeile lauten: „Mit einer

Wahrscheinlichkeit von 63 Prozent wird mindestens ein ISS-Astronaut an Krebs erkranken", aber das klingt natürlich viel weniger interessant.

Langsam nähern wir uns dem Hauptthema dieses Kapitels. Dafür zitieren wir zuerst eine Stelle aus einem Thriller von Patrick Graham (2008) mit dem Titel *Das Evangelium nach Satan*. Dort müssen sieben bestimmte von 60.000 Büchern in einem Regal in der richtigen Reihenfolge verrückt werden, damit sich eine geheime Tür in einer Regalwand öffnet:

> *Die junge Frau nimmt sich die Zitatenliste vor und mustert die Regalwand mit einem flüchtigen Blick. Sie ist geschätzte vierzehn Meter lang und sechs Meter hoch, dürfte also mindestens sechzigtausend Handschriften enthalten. Sie nimmt ihren Taschenrechner zur Hand und stellt fest, dass die Aussicht, bei sechzigtausend Bänden sieben bestimmte zu finden, eins zu achttausendsiebenhundertzweiundfünfzig beträgt. Außerdem ist noch die Reihenfolge zu berücksichtigen, in der man diese Bücher zwischen den anderen hervorziehen muss – achthundertdreiundzwanzigtausendachthundertdreiundfünfzig Möglichkeiten. Damit liegt die Aussicht, die richtige Kombination zu finden, indem man in dem Regal irgendwelche Bücher nach dem Zufallsprinzip verrückt, bei eins zu rund siebenhundert Milliarden. Kein Safe auf der ganzen Welt, weder in den Tresorräumen einer Schweizer Bank noch in den gepanzerten Kellergeschoßen der Federal Reserve Bank der Vereinigten Staaten dürfte eine auch nur annähernd so hohe Sicherheit bieten wie dies im Mittelalter erdachte Verfahren. (Graham 2008, S. 456)*

Die Aussicht dafür, eine bestimmte Siebenergruppe aus 60.000 Büchern zu erraten, ist natürlich niemals nur eins zu einem Siebtel von 60.000 Büchern, was zudem auch 8571 (bei drei Restbüchern) und nicht 8752 wären. Dieses Siebtel ist doch lediglich die Anzahl von in den Regalen aneinander angrenzenden und sich ausschließenden Siebenerpaketen an Bänden, also die Bände 1 bis 7, 8 bis 14, 15 bis 21 und so fort. Die Anzahl von Möglichkeiten, sieben beliebige Bücher aus 60.000 Bänden zu ziehen wie etwa die Bände 2989, 4022, 26.322, 40.682, 47.956, 54.667 und 59.020, ist natürlich viel, viel größer als 8571. Eine solche Anzahl an verschiedenen Gruppen kann der sogenannte Binomialkoeffizient berechnen. Dieser schreibt sich in diesem Fall als

$$\binom{60.000}{7} = 5,552 \cdot 10^{29}.$$

Das Ergebnis ist eine *30*-stellige Zahl und nicht nur eine *vier*stellige! Schon im Lotto *6 aus 49* ist doch die Anzahl verschiedener 6er-Gruppen

$$\binom{49}{6} = 13.983.816.$$

Und nun spielen wir sozusagen das Bücherlotto *7 aus 60.000*! Im Gegensatz zum Lotto sollen die sieben Bände aber auch noch in einer bestimmten Reihenfolge verrückt werden. Eine solche Reihenfolge bei sieben Büchern zu erraten, hat eine Wahrscheinlichkeit von 1:7!. Dieses „7!" (ausgesprochen: „sieben Fakultät") ist die abgekürzte Schreibweise für $7 \cdot 6 \cdot 5 \cdot 4 \cdot 3 \cdot 2 \cdot 1 = 5040$. Das ergibt also nicht im Geringsten 823.853. Eine bestimmte Kombination von sieben aus 60.000 Bänden mit Berücksichtigung der Reihenfolge zu erraten, hat demnach eine Wahrscheinlichkeit von einer günstigen durch ca. $2{,}798 \cdot 10^{33}$ möglichen Kombinationen. Das ist eine 34-stellige Zahl. 700 Mrd. ist lediglich zwölfstellig. Das (falsche) Produkt aus 8752 und 823.853 ist im Übrigen nicht 700 Mrd., sondern nur etwas mehr als 7 Mrd.

Die Aussicht, die richtige Kombination zu finden, indem man in dem Regal irgendwelche Bücher nach dem Zufallsprinzip verrückt, liegt somit tatsächlich bei 1 zu viel, viel mehr als 700 Mrd. Der Spannung des Thrillers tut das keinen Abbruch. Denn glücklicherweise findet die „junge Frau" mithilfe der angesprochenen „Zitatenliste" eine andere Methode, die richtigen Bücher in der richtigen Reihenfolge zu verrücken, als zu raten, und kann so den geheimen Eingang gegen jede (Un-)Wahrscheinlichkeit doch noch entdecken.

Mit diesem Ausflug in die Literatur sind wir in diesem Kapitel endgültig beim Lotto gelandet und schauen zuerst noch über den großen Teich in das „Land der unbegrenzten Möglichkeiten". In einer österreichischen Tageszeitung ist unter der Schlagzeile „Weltrekord-Lottojackpot in den USA wurde von drei Spielern geknackt" der folgende Artikel zu lesen:

Da hat die Lottofee einen neuen Weltrekord geschafft: Der mit 656 Millionen Dollar (491 Millionen Euro) gefüllte Jackpot in den USA ist geknackt. Drei Gewinner dürfen sich umge-

rechnet fast eine halbe Milliarde Euro teilen. Doch noch haben sich die Gewinner nicht öffentlich gemeldet.

Jeder Einzelgewinn „made in USA" dürfte bei etwa 213 Millionen Dollar (159 Millionen Euro) liegen – bevor die Steuer zuschlägt. Bis zum Sonntag stand lediglich fest, dass die Gewinner in den Bundesstaaten Maryland, Kansas und Illinois getippt hatten. In Maryland und Kansas können die Glücklichen zumindest theoretisch unerkannt bleiben – in Illinois dagegen wird der Name irgendwann in den nächsten Wochen veröffentlicht. [...]

Unklar war zunächst auch, ob es sich um Einzelgewinner oder um Tippgemeinschaften handelt. Der Mega-Jackpot hatte sich über 18 Ziehungen aufgebaut. Zwar hatten Statistiker errechnet, dass die Chance auf einen Supergewinn bei eins zu 1,7 Millionen lag – deutlich wahrscheinlicher sei es, dass man vom Blitz getroffen wird. Dennoch löste der Mega-Jackpot vor der Auslosung Freitagnacht ein wahres Tipp-Fieber aus. [3]

656 Mio. $ durch 3 Gewinner ist 213 Mio. $? Wer hat sich denn da schon einen „kleinen" Teil abgezweigt? Aber was mich wirklich stutzig gemacht hat, war Folgendes: Da schaukelt sich in den USA ein Lottojackpot über 18 Ziehungen auf sagenhafte 656 Mio. $ auf, und dann sollen Statistiker errechnet haben, dass die Chance auf einen Supergewinn bei 1:1,7 Mio. lag? Das wäre beispielsweise eine viel größere Chance als im deutschen Lotto *6 aus 49* mit seiner Sechserwahrscheinlichkeit von knapp 1:14 Mio.! Und dann spielen in den USA auch noch Millionen von „Glücksrittern" mit, und trotz der vergleichsweise hohen Hauptgewinnwahrscheinlichkeit teilen sich nur drei den Jackpot? Da kann etwas nicht stimmen.

Es half alles nichts – ich musste nachrechnen. Bei dem US-amerikanischen Lotto *Megamillions* werden laut den Angaben auf der Homepage (http://www.megamillions.com/numbers) zuerst fünf aus 56 Kugeln und dann noch eine aus 46 gezogen. Das gibt zuerst wegen

$$\binom{56}{5} = 3.819.816$$

über 3,8 Mio. Möglichkeiten, und dann muss noch jede dieser Möglichkeiten mit den 46 Möglichkeiten multipliziert werden, eine aus 46 Kugeln zu ziehen. Das ergibt insgesamt $3.819.816 \cdot 46 = 175.711.536$ Möglichkeiten. Und eine davon ist die richtige Kombination. Die tatsächliche Wahrscheinlichkeit von 1:175.711.536 ist ungefähr 100-mal so viel wie angeblich die Statistiker errechnet hatten!

Das nächste Beispiel für statistischen Unsinn im Zusammenhang mit Wahrscheinlichkeiten stammt vom April 1999. Unter der Riesenschlagzeile „Gaga-Lotto" und der darunter befindlichen Auswertung „34 Sechser, 38.008 Fünfer" erfahren wir Folgendes (Hervorhebungen wie im Original):

Das Gaga-Lotto vom Wochenende: 2, 3, 4, 5, 6, 26. Millionen Tipper fragten sich: Wer kreuzt so bekloppte Zahlen an? Gestern die Riesen-Überraschung. Tausende haben zumindest die Reihe von der 2 bis zur 6 getippt – 38.008 Spieler mit fünf Richtigen. Auch der Jackpot von 12 Millionen Mark ist gleich dreimal geknackt. Durch die Vielzahl der Tipper sausen die Quoten in den Keller. Für 6 Richtige

gibt es „nur" 232.913,70 Mark. Für einen Fünfer schlappe
379,90 Mark [194,24 €; Anm. des Verf.]. [4]

Am Samstag, 15. Februar 2003, wurden bei der Gewinner-
mittlung im deutschen Lotto *6 aus 49* gleich insgesamt 69
Sechser zu nur 45.000 € und 25.141 Fünfer mit Zusatzzahl
zu je 200 € ermittelt. Die gezogenen Zahlen lauteten: 4,
6, 12, 18, 24, 30 und die Zusatzzahl 36. Was war passiert?
Warum gab es so viele Sechser und derart viele Fünfer mit
Zusatzzahl? Die Antwort ist überraschend simpel: weil viele
Menschen mit ihren Kreuzen noch immer Muster auf ihren
Lottoschein zeichnen. Die 49 Zahlen im deutschen Lotto
sind in 7×7 Reihen angeordnet, sodass die Zahlen 6, 12,
18, 24, 30 und 36 eine von rechts oben nach links unten
verlaufende Diagonale bilden. Wenn über 25.000 Tipper
diese Diagonale angekreuzt hatten, hatten sie alle einen
Fünfer mit Zusatzzahl erzielt. Alle, die in ihrer Tippreihe
statt 36 die Zahl 4 angekreuzt und somit ein y-ähnliches
Muster am Schein erzeugt hatten, und dies machten 69
Lottospieler, durften sich über einen Sechser freuen.

In der oben angesprochenen „bekloppten" Lottoziehung
vom 12. April 1999 war etwas ganz Ähnliches passiert
(vgl. Quatember 1999). Im deutschen Lotto *6 aus 49* gibt
es – wie bereits beschrieben – insgesamt 13.983.816 mögliche Zahlenreihen. Jede dieser knapp 14 Mio. Zahlenreihen besitzt die gleiche Wahrscheinlichkeit dafür, gezogen
zu werden. Im Vergleich zu allen anderen Kombinationen
gibt es natürlich nur wenige, nämlich 1936, in denen fünf
oder sogar sechs aufeinanderfolgende Zahlen vorkommen.
Dementsprechend selten werden solche Reihen gezogen.
Die konkrete, gezogene Zahlenreihe jedoch ist selbstver-

ständlich gleich wahrscheinlich wie jede andere konkrete Kombination. Also 2, 3, 4, 5, 6 und 26 haben die gleiche Wahrscheinlichkeit wie – sagen wir beispielsweise – 8, 15, 22, 25, 34 und 48. Den Kugeln ist doch völlig egal, welche gezogen werden.

Betrachten wir nun aber einmal die Häufigkeiten, mit denen die knapp 14 Mio. verschiedenen Kombinationen in einer Ausspielungsrunde von den Lottospielern getippt werden. Im Bundesland Baden-Württemberg wurden diese Häufigkeiten in einer Runde im Jahr 1993 erhoben (vgl. Bosch 2008, Kap. 11). Dabei wurde festgestellt (und die Ergebnisse sind sicherlich auf die Schweiz und Österreich im Verhältnis übertragbar), dass die möglichen Kombinationen bei Weitem nicht gleich häufig angekreuzt werden. Manche werden gar nicht angekreuzt. Wird eine solche Kombination gezogen, dann gibt es keinen Sechser und in der nächsten Ausspielung einen Jackpot. Weiterhin gibt es Kombinationen, die unter allen abgegebenen Lottoscheinen nur ein einziges Mal angekreuzt werden. Wird eine solche gezogen, dann hat der Spieler einen „Solo-Sechser". Weitere Kombinationen werden zwei-, drei- oder viermal angekreuzt. Ganz bestimmte Kombinationen werden jedoch sehr, sehr viel häufiger angekreuzt. In der angesprochenen Erhebung wurde festgestellt, dass bei knapp 7,8 Mio. abgegebenen Tipps z. B. die Diagonale von links oben nach rechts unten und jene von rechts oben nach links unten als Tippmuster jeweils – und jetzt halten Sie sich fest – mehr als 4500-mal auf den abgegebenen Lottoscheinen in Baden-Württemberg zu finden waren. Hochgerechnet auf das ganze Bundesgebiet kann man davon ausgehen, dass jede dieser Zahlenkombinationen über 40.000-mal getippt wurde.

Auch viele andere Muster am Lottoschein wie beispielsweise sechs aufeinanderfolgende Zahlen an den Rändern des Tippfeldes wurden mehr als 1000-mal angekreuzt. Selbst für die Lottozahlen der Vorwoche gilt Ähnliches.

Was ist also die Erklärung für die Masse von Fünfern bei der oben genannten Ausspielung des deutschen Lottos? Dazu müsste man nur wissen, wie viele Lottospieler in einer Runde die Zahlen von 1 bis 6 ankreuzen. In der diesbezüglichen Erhebung in Baden-Württemberg wurde festgestellt, dass diese konkrete Zahlenreihe – offenbar in der irrigen Annahme der Lottospieler, die diese Kombination wählen, dass das außer ihnen sicher niemand ankreuzen würde – knapp 3700-mal getippt wurde, in ganz Deutschland hochgerechnet etwa 33.000-mal. Wird nun 33.000-mal die Kombination 1, 2, 3, 4, 5 und 6 und vielleicht 5.000-mal die Kombination 2, 3, 4, 5, 6 und 7 angekreuzt, dann gibt es, wenn bei der Lottoziehung tatsächlich die Zahlen 2, 3, 4, 5, 6 und 26 gezogen werden, eben 38.000 Fünfer.

Eine Besonderheit der Gewinnermittlung beim Lotto besteht nun noch darin, dass es keine festen Gewinnquoten gibt, dass man also z. B. für einen Sechser keinen fixen Betrag erhält. Es wird ein fixer Prozentsatz der an die Lottospieler ausgeschütteten Gesamtgewinnsumme auf die Gesamtheit der Sechser, ein anderer auf die Fünfer mit Zusatzzahl, ein weiterer auf die Fünfer und so fort aufgeteilt. Gibt es in einem Rang (z. B. bei den Fünfern) einmal besonders viele Gewinner, dann werden diese auch besonders niedrige Gewinne kassieren, da sie den für diesen Rang zur Verfügung stehenden Teil der Gesamtgewinnsumme in einem solchen Fall durch viele Mitgewinner teilen müssen. Genau das passierte in Deutschland im April 1999. Die 14,4 Mio.

DM, die in der betreffenden Runde auf alle Fünfer aufzuteilen waren, wurden nicht durch die übliche Anzahl an Fünfergewinnern, sondern durch die außergewöhnlich hohe von 38.008 Gewinnern geteilt. Das ergab eben nur einen Betrag von 380 DM pro Gewinner. Es ist also alles mit rechten Dingen zugegangen. Die überdurchschnittlich große Anzahl an Fünfern bei Ziehung genau dieser Zahlenreihe war aufgrund des beschriebenen Tippverhaltens der Lottospieler vorhersehbar und so auch der damit verbundene geringe Gewinn in diesem Rang.

Wegen dieser Fakten gibt es tatsächlich Strategien, die zwar nicht die Wahrscheinlichkeit für einen Haupttreffer erhöhen können, aber den dabei möglichen Gewinn. Dazu muss man lediglich die oben beschriebenen Erkenntnisse über das Tippverhalten der Mitspieler richtig anwenden: Nur wenn man wüsste, dass eine der häufig getippten Zahlenreihen auch kommen würde, wäre es natürlich dennoch klug, genau diese unabhängig von der zu erwartenden „Tiefe" des Gewinns anzukreuzen. Da man genau das aber nicht weiß und alle 14 Mio. Zahlenkombinationen gleich wahrscheinlich sind, ist es doch sicherlich besser, aus den gleich wahrscheinlichen Kombinationen eine auszuwählen, mit der man im Ziehungsfall den Gewinn mit einer geringen Anzahl von Mitgewinnern teilen muss (vgl. z. B. Bosch 1998, Kap. 12).

Vermeiden Sie deshalb das Ankreuzen von Mustern im Lottofeld. Vermeiden Sie einfach Zahlenreihen, die von sehr vielen Lottospielern angekreuzt werden. Diese Zahlenreihen sind nicht wahrscheinlicher als andere, aber sie bringen verhältnismäßig geringe Gewinne. Die Möglichkeit, sich per Zufallszahlengenerator bei der Lottoannahmestelle die Lottozahlen für den Lottoschein bestimmen zu lassen, würde bei Verwendung durch alle Lottospieler Abhilfe schaffen und dazu führen, dass es keine besonders häufig gespielten Sechserkombinationen mehr gibt. Solange aber viele Lottospieler ihre Scheine eigenhändig ausfüllen, wird es das Phänomen der besonders häufig angekreuzten Muster weiterhin geben.

Und in Deutschland ist man deshalb im Jahr 1999 in Wirklichkeit nur ganz knapp an der ganz großen Katastrophe vorbeigeschrammt. Stellen Sie sich vor, welche Reaktionen die Gewinnermittlung erzeugt hätte, wenn anstelle der Zahl 26 auch noch die 1 gezogen worden wäre. Damit hätten alle – wie wir oben angenommen haben – 33.000 Lottospieler, welche die Zahlen von 1 bis 6 angekreuzt hatten, einen Sechser zu feiern gehabt. Somit hätte bei der damals in Deutschland gültigen Aufteilung der Gesamtgewinnsumme auf die Ränge jeder Lottospieler für einen Sechser, der ihm, wenn er alleiniger Gewinner gewesen wäre, die ganze Sechsergewinnsumme von in der angesprochenen Runde ganzen 7,22 Mio. DM eingebracht hätte, durch ungefähr 33.000 „Kollegen" teilen müssen. Der Gewinn hätte ca. 220 DM, das sind umgerechnet nur ca. 112 €, betragen.

Wer weiß, was alles passiert wäre, wenn am Abend der Lottoziehung die spontane vermeintliche Neumillionärsfeier schon mehr Geld gekostet hätte, als der Gewinn schließlich ausgemacht hatte? Aber auch dann wäre alles mit rechten Dingen zugegangen.

Und was war eigentlich am 11. September 1965 passiert, als für einen Fünfer noch weniger ausgeschüttet wurde? Die damaligen Gewinnzahlen lauteten 13, 19, 21, 25, 31 und 37. Sie wissen nicht, warum so viele Spieler fünf die-

1	2	3	4	5	6	7
8	9	10	11	12	13	14
15	16	17	18	19	20	21
22	23	24	25	26	27	28
29	30	31	32	33	34	35
36	37	38	39	40	41	42
43	44	45	46	47	48	49

Abb. 8.2 Lotto 6 aus 49

ser sechs Zahlen angekreuzt hatten? Dann tragen Sie diese sechs Zahlen doch einmal in den Schein in Abb. 8.2 mit seinen 7×7 Feldern ein. Ich verrate Ihnen vorab noch etwas: Ich bin mir sehr sicher, dass die Zahl, die diese Tipper nicht erraten hatten, die 21 war. Und ich glaube sogar zu wissen, welche Zahl sie statt der 21 auf ihren Lottoscheinen als sechste, die dann nicht gezogen wurde, angekreuzt hatten. Es kommen nur zwei der restlichen 43 Zahlen in Frage. Aber entdecken Sie das doch einfach selbst. Glücklicherweise ist statt der 21 nicht eine dieser beiden Zahlen gezogen worden.

Bei der Ziehung am 30. Juli 2014 gab es schließlich zum zweiten Mal in der deutschen Lottogeschichte eine Sequenz von fünf aufeinanderfolgenden Zahlen. Die Gewinnzahlen lauteten 9, 10, 11, 12, 13 und 37. Da - wie bereits gesehen - Sequenzen von sechs aufeinanderfolgenden Zahlen (wie die Zahlen von 1 bis 6 und von 2 bis 7) überdurchschnittlich häufig angekreuzt werden, gab es auch in dieser Ausspielung 1165 „Fünfer" (z. B. https://www.lotto.de/de/ergebnisse/lotto-6aus49/archiv.html, Zugriff: 31. Juli 2014). Welche der gezogenen sechs Zahlen hatten viele der über 1000 Lottospieler im Fünferrang wohl nicht angekreuzt? Ich vermute mal die 37. Und statt der 37 hatten sie vermutlich die Zahl 8 oder die Zahl 14 angekreuzt, um ihre persönliche „Musterlösung" in der zweiten Zeile des Lottoscheins zu vervollständigen. Und wäre die Zahl 8 oder die 14 tatsächlich statt der 37 gekommen, dann hätten sich bei diesen Lottospielern sogar sechs Richtige auf ihren Lottoscheinen befunden. Den Gewinn hätten sie mit überdurchschnittlich vielen anderen teilen müssen. Und auch dann wäre wieder alles mit rechten Dingen zugegangen.

Quellen (Zugriff: 31. Juli 2014)

1. „tv-media", 28. Januar 2009, S. 14
2. „Der Standard", 16. Dezember 1998 (eingescanntes Original zu finden auf: http://www.jku.at/ifas/content/e101235/e101342/e107860/wahrscheinlichkeitsrechnung1.pdf)
3. „Oberösterreichische Nachrichten", 2. April 2012, S. 6
4. „Bild", 13. April 1999 (siehe dazu das Original auf: http://www.jku.at/ifas/content/e101235/e101342/e107861/wahrscheinlichkeitsrechnung2.pdf)

Literatur

Bosch K (2008) Lotto. Spiel mit Grips! Oldenbourg, München

Graham P (2008) Das Evangelium nach Satan. Blanvalet, München, S. 456

Quatember A (1999) Lotto – Zahlenspiel der Emotionen. Oberösterreichische Nachrichten vom 30. April 1999

9

Einen hab ich noch!

In diesem Buch sollte auf die vielfältigen Irrtümer hingewiesen werden, die sich beinahe täglich in verschiedenen
Medien bei der Berechnung und Interpretation von Statistiken ereignen. Dabei muss nicht extra betont werden, dass
der Großteil der in den verschiedenen angesprochenen Medien veröffentlichten Artikel Statistiken in korrekter Weise
darstellt. Meine Schlussfolgerung lautet dennoch, dass das
schlechte Image der Statistik zu einem nicht geringen Teil
aus dem fundamentalen Irrtum erklärt werden kann, die
Qualität der statistischen Methoden mit der Qualität ihrer
Anwendung, wie sie in diesem Buch dokumentiert worden
ist, zu verwechseln. Der für die hauptberuflichen Statistike-
rinnen und Statistiker übrig bleibende Teil der Schuld an
der Diskrepanz zwischen Bedeutung und Image ihres Faches ist dabei immer noch groß genug. Sie besteht vor allem
darin, dass es ihnen häufig nicht gelingt, die verwendeten
Methoden verständlich genug zu erklären und Ergebnisse
nachvollziehbar zu präsentieren.

Nicht gerade förderlich im Hinblick auf eine Verbesserung des öffentlichen Images der Statistik sind dabei

durchaus wohlwollende Artikel wie der folgende, der kurz
vor Beginn der Fußball-Weltmeisterschaft 2014 im Maga-
zinteil der Ausgabe einer oberösterreichischen Tageszeitung
mit der Schlagzeile „Statistiker errechneten: Brasilien wird
Weltmeister" erschienen ist:

> *Aus Wettquoten prognostizieren Innsbrucker Forscher, dass
> Brasilien die kommende Heim-WM gewinnen wird. Statis-
> tikern um Achim Zeileis zufolge habe Brasilien die höchste
> Siegeschance; andere Länder folgen erst mit Respektabstand.*
>
> *Bei 22,5 Prozent liegt die Wahrscheinlichkeit, dass Bra-
> silien gewinnt. Dahinter rangieren Argentinien mit 15,8,
> Deutschland mit 13,4 und Spanien mit 11,8 Prozent.*
>
> *Die Wissenschafter wandten bei ihren Berechnungen das
> sogenannte ,Buchmacher-Konsensus-Modell' an: Dabei griffen
> sie auf die Quoten von 22 Online-Wettanbietern (Buchma-
> chern) zurück, die kombiniert mit komplexen statistischen Re-
> chenmodellen eine Simulation aller möglichen Spielvarianten
> und Ergebnisse zuließen.*
>
> *Das Modell erlaube auch die Modellierung von Wahr-
> scheinlichkeiten des Finalspiels, hieß es. Hier sei die Unsi-
> cherheit aber wesentlich höher. Das wahrscheinlichste Finale
> laute Brasilien gegen Argentinien. ,Wir modellieren nicht nur
> den Sieger, sondern können jede denkbare Spielkonstellation
> darstellen. Bei diesen Modellen gewinnt Brasilien als einziges
> Team gegen deutlich mehr als die Hälfte aller anderen Teams
> mit einer Wahrscheinlichkeit von über 80 Prozent', erklärt
> Zeileis. Auf diese Weise könnten die Forscher auch für jede der
> acht Gruppen jene Mannschaften ermitteln, für die ein Auf-
> stieg am wahrscheinlichsten ist.*
>
> *Buchmacher setzen ihre Quoten basierend auf möglichst
> wahrscheinlichen Ergebnissen fest, so der Statistiker: ,Als*

*Experten berücksichtigen sie nicht nur historische Daten,
sondern auch kurzfristige Ereignisse wie zum Beispiel Verletzungen.' Die Quoten werden so definiert, dass sie einerseits
den tatsächlichen Ergebnissen möglichst nahe kommen und
andererseits auch den Gewinn der Buchmacher sichern. Daher müssten diese zunächst um die Aufschläge der Buchmacher
bereinigt werden. Dann könnten daraus Wahrscheinlichkeiten
abgeleitet werden* [1].

In diesem grundsätzlich tollen Aufsatz wird die Vorgehensweise der Universitätsstatistiker auf allgemein nachvollziehbare Art und Weise wiedergegeben. Das Buchmacher-
Konsensus-Modell wird als eine Basis dafür beschrieben,
unterschiedliche subjektive Einschätzungen z. B. über die
Auswirkung von Verletzungen mit objektiv vorliegenden
historischen Daten kombinieren. So weit, so anschaulich!

Die Überschrift aber lautet „Statistiker errechneten: Brasilien wird Weltmeister". Sie stammt sicherlich nicht von
den verantwortlichen Statistikern. Denn diese hatten mit
ihrer Methode für Brasilien eine Wahrscheinlichkeit von
0,225 errechnet, Weltmeister im eigenen Land zu werden,
für Argentinien eine von 0,158, für Deutschland eine von
0,134 und so fort. Brasilien hat also die höchste *Wahrscheinlichkeit* aller teilnehmenden Nationalmannschaften auf den
begehrten WM-Titel. Das ist etwas völlig anderes, als zu
behaupten, dass errechnet wurde, dass Brasilien tatsächlich
Weltmeister werden würde.

Nur um es noch zu verdeutlichen: Stellen Sie sich einmal
ein Zufallsexperiment vor, das darin besteht, zwei Würfel
zu werfen und dabei die Summe der Augenzahlen zu be-
obachten. Es sind alle Summen von 2 bis 12 möglich, al-

lerdings mit unterschiedlichen Wahrscheinlichkeiten. Die Augensumme 2 kann nur dann auftreten, wenn beide Würfel die 1 anzeigen, während z. B. die Augensumme 7 sich ergibt, wenn der erste Würfel die Zahl 1 und der zweite die Zahl 6 anzeigt (1,6), aber auch wenn der erste 2 und der zweite 5 anzeigt (2,5). Auch bei den Kombinationen (3,4), (4,3), (5,2) und (6,1) ist die Augensumme 7. Insgesamt gibt es $6 \cdot 6 = 36$ mögliche Kombinationen, die alle gleich wahrscheinlich sind. Nur eine davon ergibt die Augensumme 2. Sie besitzt nach der Abzählregel (Box 8.1) demnach eine (auf drei Stellen gerundete) Wahrscheinlichkeit von $1:36 = 0{,}028$, die Augensumme 7 dagegen wegen der sechs Möglichkeiten, dass sie auftritt, eine solche von $6:36 = 0{,}167$. Tatsächlich ist die Augensumme 7 jene mit der größten Wahrscheinlichkeit dafür, dass sie tatsächlich gewürfelt wird, gefolgt von den Augensummen 6 und 8 mit je einer Wahrscheinlichkeit von $5:36 = 0{,}139$ und so fort. Und in der Zeitung steht dann folgende Schlagzeile: „Statistiker errechneten: Die Augensumme 7 wird gewürfelt werden".

Hat man aber durch die Berechnung der Wahrscheinlichkeiten für das Auftreten der verschiedenen möglichen Ereignisse und der darauf basierenden Feststellung, welches dieser Ereignisse die größte Wahrscheinlichkeit besitzt (die Zahl 7 bei unserem Zweiwürfelexperiment oder eben Brasilien bei der Fußball-WM), Gewissheit darüber gewonnen, was tatsächlich passieren wird? – Eben nicht! Die Wahrscheinlichkeiten der anderen möglichen Ereignisse sind ja nicht null. So hörte ich in meiner Vorstellung bei Erscheinen dieses Artikels bereits so manchen Leser, der es ja nicht besser wissen muss, über die Anmaßung der Statistiker spotten, den Fußball-Weltmeister schon kennen

zu wollen. Wer kriegt also als Konsequenz dieser journa-
listischen Schlagzeile das Fett ab? – Die Statistik! Das tatsächliche Ergebnis der Weltmeisterschaft mit dem Titel für
Deutschland unterstreicht auf diese Weise nur einmal mehr
ihre allseits vermutete Realitätsferne.

Quellen

1. „Oberösterreichische Nachrichten", 7. Juni 2014, Magazin S. 6

Index

Printed in the United States
by Bookmasters

Printed in the United States
By Bookmasters